U0142273

水文學
精選 200 題

◎ 李光敦教授編著【水文學】習題詳解
◎ 國家考試及研究所入學考試精選考題

楊其錚・李光敦 著

目　錄

CHAPTER *1*

1

解釋名詞

(1)水文循環 (*hydrologic cycle*)。（87 水利省市升等考試，84 屏科大土木，80 中原土木）

(2)水文方程式 (*hydrologic equation*)。（87 水利省市升等考試）

(3)滲漏 (*percolation*)。（87 屏科大土木）

(4)#水文歷程 (*hydrologic process*)。（87 屏科大土木，85 水利高考三級）

(5)#比流量 (*specific discharge*)。

(6)#河況係數 (*coefficient of river regime*)。（87 水利專技）

解答

(1)水文循環：是指地球上的水在大氣、土壤與海洋之間連續的循環過程。簡單的水文循環可由水份自海面吸收太陽能量，產生蒸發而後進入大氣之中；當此水蒸氣因凝結作用而產生降水，以雨、雪以及霜等不同的形態落於地表，最後受重力影響經由河溪再度流入海洋之過程。水文循環中之汽體傳輸現象包括：蒸發與蒸散；水文循環中之液體傳輸現象則包括：降水、漫地流、入滲、出滲、中間流以及地下水等。

(2)水文方程式：是用以計算水量之恆等式，就一獨立系統（流域或集水區）而言，依照質量守恆定律，系統之水文方程式可表示為

$$I - O = \frac{dS}{dt}$$

式中 I 為系統輸入量；O 為系統輸出量；dS/dt 為單位時間內系統之貯蓄改變量。

(3)滲漏：是指水份從較高土層往較低土層的移動，若水份深層下滲達到地下水位，即稱之為地下水。

(4)水文歷程：是指在時間上連續性或週期性變化之水文現象。若以定率模式模擬水文循環中某一水文量之過程，即稱為定率歷程，其系統中之獨立變數和因變數間有適當的數學關係存在；若以機率模式模擬者則稱為機率歷程，該歷程僅考慮變數發生之機率，卻不考慮其發生之順序；若以序率模式模擬者則稱為序率歷程，是將變數發生機率與發生順序均予考慮的一種歷程。

(5)比流量：單位流域面積之尖峰洪流量，通常用以比較不同流域面積間之洪水或流量大小。台灣小型集水區之比流量介於 $1\ m^3/s/km^2$ ～$8\ m^3/s/km^2$之間，大型集水區則在 $8\ m^3/s/km^2$～$15\ m^3/s/km^2$之間。

(6)河況係數：年最大洪峰流量與年最小洪峰流量之比值。河況係數愈大即表示該河川之流量變化愈明顯；河況係數愈小則代表河川之流量愈穩定。　　　　　　　　　　　　　　　　　　◆

2

如將水文循環分成地面水及地下水兩大系統，試列出其各自之水平衡方程式並加以說明之。（84 水利乙等特考）

解答

集水區地表面以上之水文平衡方程式可表示為

$$P - (E + T + INF + Q) = \frac{\Delta S_s}{\Delta t}$$

式中 P 為降水量；E 為蒸發量；T 為蒸散量；INF 為入滲量；Q 為地表逕流量；$\Delta S_s/\Delta t$ 為單位時間內集水區地表之蓄水改變量。而集水區內地表面以下之水文平衡方程式可表示為

$$INF - (INT + G) = \frac{\Delta S_g}{\Delta t}$$

式中 INT 為中間流出流量；G 為地下水出流量；$\Delta S_g/\Delta t$ 為單位時間

內集水區地表下之蓄水改變量。將上兩式合併，可得

$$P - (E + T + Q + INT + G) = \frac{\Delta S}{\Delta t}$$

式中 $\Delta S/\Delta t$ 為單位時間內集水區之總蓄水改變量。由此可知 P 為集水區水文系統之輸入量，而 $(E + T + Q + INT + G)$ 則為集水區水文系統之輸出量。由於河川水流包括地表逕流、中間流與地下水流，因此上式中之 $(Q + INT + G)$ 即表示集水區出口處所量測之河川流量。

◆

3

某一面積為 600 *ha* 之灌溉土地，其使用情形如下：

作物別	所佔面積 (*ha*)	作物需水量 (*mm / ha*)
水 稻	300	900
玉 米	150	400
水 果	100	500
蔬 菜	50	600

設該地平均年降雨量為 2200 *mm*，其中 500 *mm* 能為作物所利用，求該地每年所需灌溉水量。以 *hm*³ 表示。(1 *hm*³ = $10^6 m^3$)（82 水利交通事業人員升資考試）

解答

1 公頃 (*ha*) = 10^4 平方公尺 (*m²*)，所以該地之作物需水量為

$$(900 \times 300 + 400 \times 150 + 500 \times 100 + 600 \times 50) \cdot \frac{10^4}{10^3} = 4100000 \; m^3$$

而作物所能利用之降雨量為

$$500 \times 600 \cdot \frac{10^4}{10^3} = 3000000 \; m^3$$

因此每年所需灌溉水量為

$$(4100000 - 3000000) \cdot \frac{1}{10^6} = 1.1 \ hm^3 \qquad \blacklozenge$$

4

某一水庫之標高-表面積-出流量如下表：

標高，m	16.0	15.5	15.0
表面積，ha	210	180	160
出流量，cms	4.41	4.33	4.24

假設該水庫有一穩定入流量 2.8 cms，且蒸發及滲流可予不計，試推算該水庫水位由標高 16 m 降至 15 m 所需之天數。（81 水利專技）

解答

由水文方程式

$$\overline{I} - \overline{O} = \frac{\Delta S}{\Delta t}$$

$$\frac{I_1 + I_2}{2} - \frac{O_1 + O_2}{2} = \frac{\Delta S}{\Delta t}$$

$$\Delta t = \frac{2\Delta S}{(I_1 + I_2) - (O_1 + O_2)}$$

假設蓄水改變量為 $\Delta S = \overline{A} \times \Delta h$，則水位由標高 16 m 降至 15.5 m 所需時間為

$$\Delta t_1 = \frac{2[(210 + 180)/2 \times (15.5 - 16) \cdot 10^4]}{(2.8 + 2.8) - (4.41 + 4.33)} = 621019 \ s = 7.19 \ day$$

水位由標高 15.5 m 降至 15 m 所需時間為

$$\Delta t_2 = \frac{2[(180 + 160)/2 \times (15 - 15.5) \cdot 10^4]}{(2.8 + 2.8) - (4.33 + 4.24)} = 572391 \ s = 6.62 \ day$$

所以，水位由標高 16 *m* 降至 15 *m* 所需時間為

$$\Delta t_1 + \Delta t_2 = 7.19 + 6.62 = 13.81 \ day$$

◆

5

假設某一水庫在年初時存水量為 60 單位之水量，下表為某年每月流入及流出之單位水量。

月份	1	2	3	4	5	6	7	8	9	10	11	12
流入量（單位）	3	5	4	3	4	10	30	15	6	4	2	1
流出量（單位）	6	8	7	10	6	8	20	13	4	5	7	8

試求該水庫在 8 月底及年底之存水量多少單位水量？（88 淡江水環轉學考）

解答

已知年初時存水量為 60 單位，且表中第(1)、第(2)與第(3)列為已知，其餘各列之分析步驟如下所述：

表 1.5

(1)月份	1	2	3	4	5	6	7	8	9	10	11	12
(2)流入量（單位）	3	5	4	3	4	10	30	15	6	4	2	1
(3)流出量（單位）	6	8	7	10	6	8	20	13	4	5	7	8
(4)*I−O*（單位）	−3	−3	−3	−7	−2	2	10	2	2	−1	−5	−7
(5)存水量 *S*（單位）	57	54	51	44	42	44	54	56	58	57	52	45

1. 表中第(4)列為入流量與出流量之差值；
2. 表中第(5)列為存水量。計算式為

1. 表中第(4)列為入流量與出流量之差值；
2. 表中第(5)列為存水量。計算式為

$$S_i = S_{i-1} + (I_i - O_i)$$

例如，1 月份時，$S_1 = 60 + (-3) = 57$；
3. 依序計算，得知 8 月底及年底之存水量分別為 56 單位和 45 單位。 ◆

6

試述台灣河溪之水文及地文特性。（88 水保檢覈）

解答

台灣山脈多屬沉積岩及變質岩，岩層脆弱易斷裂且高度風化，因降雨強度大與水流速度快，造成嚴重沖蝕，更因地震頻繁而影響山坡地之穩定性。台灣全島雨量豐沛，年平均降雨量高達 2500 公釐，為世界平均值的 2.5 倍。降雨集中在每年 5 月至 10 月，佔全年雨量的四分之三，且大部分為颱風所帶來的豪雨。

台灣地區共有河川 129 條，其中主要河川 21 條、次要河川 29 條、普通河川 79 條，河川長度均甚短。由於降雨量分佈不均，大部分河川洪枯流量差異明顯。因集水區地質不佳且雨量集中，洪流過程挾帶大量泥砂，往往造成下游泥砂淤積而氾濫成災，河川治理頗為困難。綜合以上可知，台灣島為岩層脆弱且坡陡流急之地區，全島大部分屬山區與丘陵地。因降雨量豐沛且集中於少數月份，以致洪水災害頻仍，但於乾旱季節卻有水源供給不足之現象。 ◆

7#

(一)何謂流量累積曲線（ Mass Curve ），繪一延時 5 年的合理流量累積曲線。

㈡如何利用該曲線決定設計水庫容量？

㈢若水庫容量已知，如何利用該曲線決定使用流量？請分別繪圖說明之。（87 中原土木，86 水利專技）

解答

㈠以流量累積值為縱座標，時間為橫座標所繪成之曲線，即為流量累積曲線。若某處之年流量紀錄如下表，則流量累積曲線如圖1.7.1 所示。

表 1.7

(1)年	81	82	83	84	85
(2)流量（單位）	90	30	40	70	90
(3)累積流量（單位）	90	120	160	230	320
(4)累積需求（單位）	90	140	190	240	290

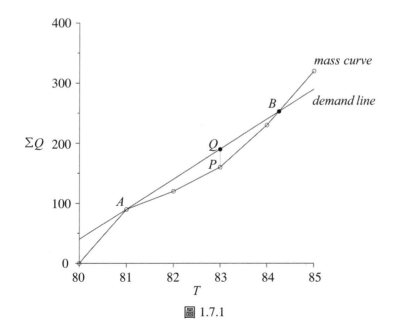

圖 1.7.1

㈡利用該曲線設計水庫容量之步驟可概述如下：

　　1.若年需水量為 50 單位，選擇頂點 *A* 繪製累積需水線如圖 1.7.1
　　　所示，交流量累積曲線於 *B* 點；

　　2.因 *B* 點代表水庫為滿庫，所以流量累積曲線低點 *P* 至直線 *AB*
　　　之最大差距 *PQ*，即為所欲設計之水庫容量，由圖、表中查知
　　　水庫容量為 30 單位；

　　3.若需水量並不均勻，則累積需水線變為曲線，但分析方法仍然
　　　不變，唯兩曲線必需要有重合之交點。

㈢假設水庫容量已知為 22 單位，繪出流量累積曲線上的切線，使得
　切線與流量累積曲線間之最大差距為 22 單位，選擇切線中具有最
　小斜率者，其斜率即為最小出水量，圖 1.7.2 中之 *B* 切線顯示最
　小使用水量為$(160 + 22 - 90)/2 = 46$ 單位/年。

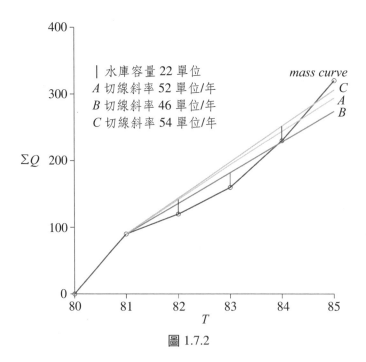

圖 1.7.2

8#

欲建壩於某一河川，該河川之月平均流量（立方公尺/每秒）如下表，
試計算壩之容量應多少？才能滿足固定需水量40立方公尺/每秒。（87
成大水利）

月份	1	2	3	4	5	6	7	8	9	10	11	12
流量 (m^3/s)	60	45	35	25	15	22	50	80	105	90	80	70

解答

以累積曲線法求解，表中第(1)與第(2)欄位為已知，其餘欄位可依下
述步驟分析：

表 1.8

(1) 月份	(2) 入流量 (m^3/s)	(3) 累積入流量 (m^3/s)	(4) 累積需水量 (m^3/s)	(5) 蓄水量 (m^3/s)	(6) 出流量 (m^3/s)
1	60	60	40	63	60
2	45	105	80	63	45
3	35	140	120	58	40
4	25	165	160	43	40
5	15	180	200	18	40
6	22	202	240	0	40
7	50	252	280	10	40
8	80	332	320	50	40
9	105	437	360	63	92
10	90	527	400	63	90
11	80	607	440	63	80
12	70	677	480	63	70

1. 第(3)欄位為累積入流量；
2. 第(4)欄位為累積需水量；
3. 繪製流量累積曲線如圖 1.8 所示，平移累積需水線查得最大差距
   為 $63m^3/s$，此即為所需設計之水庫容量；
4. 第(5)欄位為水庫蓄水量。假設起始時水庫為滿庫，由此可以看出
   水庫蓄水量每月之盈虧；
5. 第(6)欄位為水庫出流量。由表中發現，每月之出流量均能滿足固
   定需水量 $40m^3/s$；
6. 因此，該壩之容量至少應為 63×30×86400=163296000 m^3。

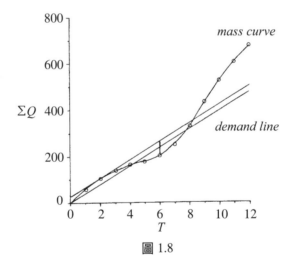

圖 1.8

CHAPTER 2

集水區地文與水文特性

1

解釋名詞

(1)高程面積曲線 (*hypsometric curve*)。（86 環工專技）

(2)中值高程 (*median elevation*)。（86 環工專技）

(3)水系之地形 4 法則（*Horton* 地形法則）。（87 水利專技）

(4)辮狀河水 (*braided river*)。（84 水保專技）

(5)#流域密集度 (*compactness of basin*)。（87 水利專技，86 環工專技）

(6)#圓比值 (*circularity ratio*)。

(7)#細長比 (*elongation ratio*)。（86 環工專技）

(8)#單位河川功率 (*unit stream power*)。（88 水利中央簡任升等考試，86 環工專技）

解答

(1)高程面積曲線：是用以表示流域內某一高程與該高程以上集水區面積間之關係曲線。

(2)中值高程：流域面積為 50%時所對應之高程，可由高程面積曲線查得。

(3)水系之地形 4 法則：*Horton* 地形法則為分岔比、面積比、長度比與坡度比。河川分岔比 R_B 可定義如下

$$R_B = \frac{N_{i-1}}{N_i} \quad ; \quad i = 2, 3, \cdots, \Omega$$

式中 N_i 為 i 級序之河川數目；Ω 為集水區級序。河川面積比 R_A 可定義如下

$$R_A = \frac{\overline{A_i}}{\overline{A_{i-1}}} \quad ; \quad i = 2, 3, \cdots, \Omega$$

式中 $\overline{A_i}$ 為 i 級序河川平均集水面積；此面積包含 i 級序河川之漫地流區域，以及所有流經 i 級序河川之上游漫地流區域。河川長度

比 R_L 可定義如下

$$R_L = \frac{\overline{L}_{c_i}}{\overline{L}_{c_{i-1}}} \quad ; \quad i = 2, 3, \cdots, \Omega$$

式中 $\overline{L}_{c_i}$ 為 i 級序河川平均長度。河川坡度比 R_S 可定義如下

$$R_S = \frac{\overline{S}_{c_i}}{\overline{S}_{c_{i-1}}} \quad ; \quad i = 2, 3, \cdots, \Omega$$

式中 $\overline{S}_{c_i}$ 為 i 級序河川之平均坡度。

(4)辮狀河水：為極寬淺之河道，水流被沖積砂丘所分隔，形成多條交叉狀小河槽，在高流量情況下，此河渠密佈之砂丘則多數沒入水面，因而使辮狀河水漫溢成為寬廣大河。

(5)流域密集度：是指集水區面積相等之圓的周長與集水區周長之比值。即

$$C = \frac{\text{與集水區面積相等之圓的周長}}{\text{集水區周長}}$$

(6)圓比值：是指集水區面積與集水區周長相等之圓的面積之比值。即

$$M = \frac{\text{集水區面積}}{\text{與集水區周長相等之圓的面積}}$$

(7)細長比：是指集水區面積相等之圓的直徑與集水區最大長度之比值。即

$$E = \frac{\text{與集水區面積相等之圓的直徑}}{\text{集水區最大長度}}$$

(8)單位河川功率：單位重量水體之位能的時間變率。即

$$\frac{dy}{dt} = \frac{dy}{dx}\frac{dx}{dt} = SV$$

式中 y 為基準點以上之位能；x 為距離；t 為時間；S 為能量坡度；

V 為水流平均速度。◆

2

水系模式主要是由於溪流之地勢而定，試問其基本模式可分為幾種形態？又水系要如何分級？試述之。（82 水利檢覈）

解答

水系或河系，是指一條主河川與其全部支流所形成之系統，水系模式（*stream pattern*）或稱為河川形態，為顯示河道曲直、蜿蜒或交錯等之平面形狀。集水區河川網路是地表經年累月受雨滴打擊、水流侵蝕或地殼變動的影響，而逐漸演化形成的地表起伏變化；所以一地區之氣候條件、地質結構與地層活動狀態決定目前的地表幾何情況。水系模式可概分為樹枝分歧狀（*dendritic*）、格柵狀（*trellis*）、輻射狀（*radial*）、池沼狀（*multi-basin*）、蜿蜒狀（*meandering*）、辮狀（*braided*）、分支狀（*anabranching*）與網狀（*reticulate*）等，最常見之河川網路呈樹枝分歧狀。

　　水系分級常以荷頓河川級序定律之劃分原則為分類方法，可簡述如下：

1. 由河川源頭起始之河川為 1 級序河川；
2. 兩條 1 級序河川交匯，形成 2 級序河川；
3. i 級序河川與 j 級序河川相匯時，若 i 大於 j 則河川級序數仍為 i；若 i 等於 j 則河川級序數增為 $i+1$；若 i 小於 j，則河川級序數為 j。◆

3

試述集水區平均高程之各種計算方法。（83 水利檢覈）

解答

集水區平均高程是指集水區內地面高度的平均值，計算方法如下：

1. 格點法 (*grid method*)：亦稱為交點法 (*intersection method*)，此法是先將地形圖上之集水區面積分割成等面積的小方格，再計算小方格的交點數，同時查出各交點之高程，則集水區平均高程為

$$H = \frac{E}{N}$$

式中 E 為集水區內各交點高程總和；N 為交點總數。

2. 等高線面積法 (*contour-area method*)：利用等高線地圖計算集水區平均高程

$$H = \frac{\sum_{i=1}^{n}(h_i + h_{i+1})a_i}{2A}$$

式中 h_i 為第 i 條等高線之高程；a_i 為等高線間之面積；A 為集水區面積。

3. 等高線長度法 (*contour-length method*)：利用等高線地圖計算集水區平均高程

$$H = \frac{\sum_{i=1}^{n} h_i l_i}{L}$$

式中 h_i 為第 i 條等高線之高程；l_i 為第 i 條等高線之長度；L 為集水區內等高線總長度。

4. 中值高程 (*median elevation*)：為高程面積曲線中，由 50% 流域面積所對應之高度。此一指標可以瞭解集水區內高程差之分佈。

　　另外，集水區平均坡度約有下列數種計算方法：

1. 荷頓法 (*Horton method*)：集水區平均坡度等於等高線總長度乘以等高線間距，再除以集水區面積。

2.交線法（ *intersection-line method* ）：將集水區細分成等面積之小方格，計算方格縱橫線與等高線之交點數，則集水區平均坡度為

$$S = 1.571 \frac{DN}{L_s}$$

式中 D 為等高線間距；N 為交點數；L_s 為集水區內小方格之總長。

3.等高線面積法：利用等高線地圖計算集水區平均坡度

$$S = \frac{\sum\limits_{i=1}^{n} \left(\frac{a_i D}{d_i} \right)}{A}$$

式中 d_i 為相鄰二等高線間之平均水平距離。

4.等高線長度法：利用等高線地圖計算集水區平均坡度

$$S = \frac{D \sum\limits_{i=1}^{n} l_i}{A}$$

至於河川平均坡度之計算方法，請參閱本書 2.2.2 高程差與坡度一節。　　　　　　　　　　　　　　　　　　　　　　　　　　　◆

4

試說明流域大小（ *size* ）、形狀（ *shape* ）、坡度（ *slope* ）、排水密度（ *drainage density* ）、與土地使用（ *land use* ）等流域特性對流量歷線（ *flow hydrograph* ）之影響？（87 成大水利）

解答

　　面積較大的集水區於暴雨時期所匯集的水量較多，因此會在集水區出口處產生較大的流量；反之，小集水區於暴雨時期所匯集的水量較少，因此在集水區出口處僅有較小的流量。

　　集水區之形狀對河川流量特性有顯著的影響，一個狹長之集水區有較小的尖峰流量，且其洪水歷線較為平緩；而一個寬扁的集水

區則有較大的尖峰流量，且其洪水歷線較為尖聳。

基於水力學上曼寧公式之觀點，水流速度正比於坡度的 1/2 次方，因此流域坡度愈陡者，其降雨逕流反應就愈快，流量歷線亦較為高聳。

排水密度為集水區所有級序河川長度與集水區面積之比值，可表示如下

$$D = \frac{\sum\limits_{i=1}^{\Omega}\sum\limits_{j=1}^{N_i}(L_{c_i})_j}{A} \; ; \; i = 2, 3 \cdots, \Omega$$

式中 D 為排水密度，其單位為長度之倒數[$1/L$]。排水密度較大的集水區，可使得漫地流迅速地排放至河渠中，而水流在河道中之流速較快，因此高排水密度集水區之逕流反應較快，會產生較高的洪峰；而低排水密度集水區之逕流反應較為遲緩，產生較低的洪峰。

土地使用是指某地區在社會、經濟、逕流特性等狀況下，對土地所作之開發與利用，因此可視其用途而區分為住宅區、工業區、農地以及林地等。土地開發後綠地減少，都市化的結果使不透水舖面地區增加，截留、窪蓄與入滲等降雨損失減少，地表之逕流量增加且流速加快，水量快速宣洩的結果，使得流量歷線之尖峰增高，歷線基期縮短。　　　　　　　　　　　　　　　　　　◆

5

集水區（如圖一）之地形高度與某高程以下面積間之關係可以一相對高度比～相對面積比($h/H \sim a/A$)之曲線表示之。其中，h：某高程等值線之高程；H：集水區最高點之高程；a：集水區內高於 h 之面積；A：集水區總面積。且假設集水區出口處高程為零。試比較並說明圖二中 $A，B，C$ 三曲線所代表集水區內之沖蝕（ *erosion* ）活動何者最為劇烈？（87 水保檢覈）

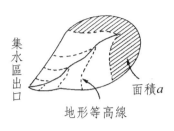

集水區出口

地形等高線

面積 *a*

圖一

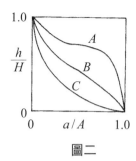

圖二

解答

以 *A* 曲線之沖蝕活動最為劇烈。因為在同一相對面積比 (*a/A*) 的情況下，*A* 曲線之相對高度比 (*h/H*) 具有較高的數值，代表集水區中、上游之高程較高，且在下游地區之高程差較大；亦即該集水區中、上游之等高線較稀疏，而在下游地區較密集。集水區內僅有少數的幼年溪 (*young river*)，河槽淺且沖蝕能力強，多湖泊、瀑布與急流，由於下蝕作用明顯而呈現 *V* 字形峽谷，除主流外僅有少數短小的支流。

B 曲線代表成年期之集水區，其地貌已充分發展為相當穩定之地面，但地形變化甚為明顯。成年河 (*mature river*) 之沖蝕發展已經停止，不再有湖泊和瀑布存在，河谷約呈 *U* 字形，較幼年河寬廣平坦，支流亦較多較大，其流速恰可載運由支流沖入主流之泥砂。

C 曲線則代表老年期之集水區，為低矮無特徵之平原或基面 (*base level*)，地形高程差已不顯著。老年河 (*old river*) 常在廣闊的洪泛平原上蜿蜒，因坡度甚小以致水流緩慢易淤積，河谷底部寬大且兩岸邊坡頗低，甚者乃至無從辨別。 ◆

6

試簡述集水區都市化過程所導致水文現象之變化。（88 水保工程高考三級）

解答

集水區都市化後，不透水面積勢必增加，例如住宅區、商業區、工業區等，而原本的林地、農地等綠地大量減少，因此可能導致下列水文現象變化：

1. 綠地遭到破壞，使得土壤無法涵養水份，截留、窪蓄與入滲等降雨損失減少，超量降雨增加使得逕流量增加，平均逕流係數增大的結果，呈現在流量歷線上的反應為尖峰流量增高。

2. 不透水面積增多且排水幹管密佈，地表缺少阻滯水流的植被，糙度降低使水流運行速度加快，雨水迅速匯集並宣洩至河川，因此流量歷線之尖峰到達時刻與基期勢必縮短。 ◆

7

試繪出各座標系二變數間之關係示意圖，並說明該兩者之關係。但其座標為假設值。（87 水保專技）

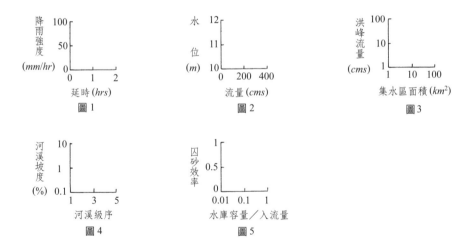

解答

各變數間之關係如下：

1. 在同一重現期的情況下，較長的降雨延時對應較低強度的降雨。
   以迴歸公式表示即為

   $$i = \frac{c}{T_d^e + f}$$

   式中T_d為降雨延時；c、e與f為係數，隨地點與重現期而異。

2. 水位與流量之關係即為率定曲線。常將流量表示為

   $$Q = a(H - z)^b$$

   式中H為水位；a、b與z為係數。在穩定的正常流況下，率定曲線之實用性相當良好；但在洪水時期，水位與流量則會呈現如圖中虛線所示的迴圈關係，稱為遲滯效應。與土壤水份之遲滯效應相似，此迴圈與洪水漲退的歷程有關，在同一水位情況下，洪水上漲時之流量較洪水消退時之流量大。

3. 洪峰流量與集水區面積之關係為

   $$Q_p = aA^b$$

   式中a與b為係數。由此式可知，集水區面積愈大者，其洪峰流量亦愈高。

4. 自然集水區之河溪坡度隨著河溪級序之增加而減緩，定義坡度比為

   $$R_S = \frac{\bar{S}_{c_i}}{S_{c_{i-1}}} \quad ; \ i = 2, 3, \cdots, \Omega$$

   式中$\bar{S}_{c_i}$為i級序河川之平均坡度；Ω為集水區級序。

5. 囚砂效率（*trap efficiency*）是指泥砂入流量被水庫留存的百分率。
   常表示為

   $$Y = 100\left(1 - \frac{1}{1 + aX}\right)^n$$

式中*X*為水庫容量與年入流量之比值；*a*與*n*為係數。*X*值較小之水庫，在高入流量期間所進入水庫之泥砂，大部分經由溢洪道排除；而*X*值較大之水庫，則易使大部分泥砂積存於水庫內。故隨著水庫之淤積，囚砂效率將漸減。

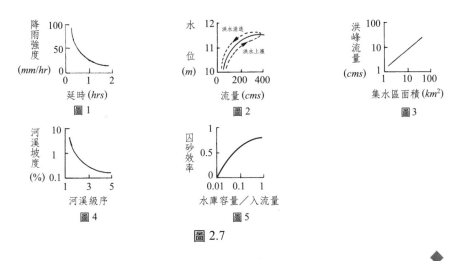

圖 2.7

8

試述 *surface runoff, interflow, groundwater* 之退水特性並說明其原因；並以圖示說明退水常數之特性，以$q_t = q_0 K^t$表示之。（88 海大河工）

解答

漫地流 (*overland flow*) 經由河川網路系統進入河川者，稱之為地表逕流 (*surface runoff*)；雨水滲入地表而在尚未深達到地下水位之前，即流出地面者，稱之為中間流 (*interflow*)；而經深層滲漏進入地下水位以下，在地下水層流移而進入河川者，稱之為地下水 (*groundwater*)。

如圖所示，以半對數標示流量歷線，則可發現退水段呈現三段明顯折線。圖中退水段 I 包含地表逕流、中間流與地下水流三者，

但其中以地表逕流為主。退水段 II 包含中間流與地下水流，但中間
流為主要部分；而退水段 III 則為地下水之退水歷線。所以圖中 *A* 點
表示地表逕流結束點，而 *B* 點則表示中間流結束點。由於地表逕流
之流動速率最快，中間流流動速率次之，地下水流速率最慢；因此
圖中顯示退水段 I 之斜率最大，而退水段 III 之斜率最緩。一般可將
t 時刻退水歷線之流量q_t，表示如下

$$q_t = q_0 K^t$$

式中q_0為起始計算時刻之流量；*K* 為退水常數。以此圖之流量歷線
為例，退水段 I 之 *K* 值為 0.92，退水段 II 之 *K* 值為 0.96，而退水
段 III 之 *K* 值為 0.99。

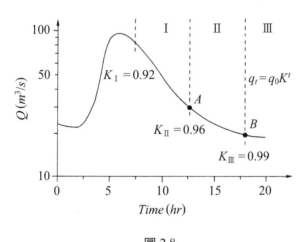

圖 2.8

9

(一)試繪流量歷線之退水段於半對數紙上，並說明各線段及折點所代表
之物理意義。

(二)基流退水曲線可用$q_t = q_0 K^t$表示，其中q_0為初始流量，*K* 為退水常

數，t 為時間，試推導基流退水期間基流量 q_t 與地下水儲存量 S_t 之關係式。

㈢若於半對數紙（Q 與 t 之單位分別為 cms 與 day）上求得基流退水曲線之斜率為 -0.026，試求基流量為 50 cms 時之地下水儲存量。（82 水利專技）

解答

㈠詳見習題 2.8。

㈡基流退水曲線表示為

$$q_t = q_0 K^t$$

式中 q_0 為初始流量；K 為退水常數。因為系統之入流量為 0，所以水文方程式表示為

$$-O = \frac{dS}{dt}$$
$$-q_t\, dt = dS$$
$$dS = -q_0 K^t dt$$
$$\int_t^\infty dS = -q_0 \int_t^\infty K^t dt$$
$$S_\infty - S_t = -q_0 \frac{K^t}{\ln K}\bigg|_t^\infty$$

因為 $0 < K < 1$，且 $t \to \infty$ 時 $S_\infty \to 0$，所以上式變為

$$0 - S_t = -q_0 \frac{K^\infty}{\ln K} + q_0 \frac{K^t}{\ln K}$$
$$S_t = -q_0 \frac{K^t}{\ln K} = -\frac{q_t}{\ln K}$$

㈢將基流退水曲線取對數，得知半對數紙上之斜率即為 $\log K$

$$\log q_t = \log q_0 + t \log K$$
$$\log K = \frac{\log q_t - \log q_0}{t}$$

由於半對數紙上基流退水曲線之斜率為 -0.026，因此

$$K = 10^{-0.026} = 0.9419$$

$$S_t = -\frac{50}{\ln 0.9419} = 835 m^3/s$$

◆

10

已知某測站之流量記錄如下表所示，表中的流量確定完全由地下水供應。

日期（月/日）	5/1	5/2	5/3	5/4	5/5
流量 (*cms*)	200	180	162	145	131

㈠試求地下水退水常數。

㈡若地下水退水延續至 5 月 21 日，試求當日河川流量及地下水儲存量。（84 水利中央簡任升等考試）

解答

基流退水曲線表示為

$$q_t = q_0 K^t$$

式中 q_0 為初始流量；K 為退水常數。而地下水儲存量為

$$S_t = -\frac{q_0 K^t}{\ln K} = -\frac{q_t}{\ln K}$$

㈠取 1 日與 5 日之流量紀錄以計算地下水退水常數

$$131 = 200 K^{5-1}$$

$$\therefore \ K = 0.8996$$

㈡ 21 日之河川流量及地下水儲存量分別為

$$q_{21} = 200 \times 0.8996^{21-1} = 24 \ m^3/s$$

$$S_{21} = -\frac{24}{\text{1n}0.8996} = 227 \ m^3/s$$

◆

11

試述如何製作日流量延時曲線 (*duration curve*)？該曲線的功用何在？
（89 海大河工）

解答

日流量延時曲線是利用水文站長期之日流量紀錄，分析超過某一流量值所出現的時間百分率。由於全年中之降雨日數甚為有限，因此若要評估河川供水能力，常應用此一曲線分析河川日流量之特性。流量延時曲線之橫軸為時間百分比，而縱軸為流量，藉由流量延時曲線可以推求該河川所能保證提供的最低流量。若欲提高此最低保證流量，則可藉由興建攔河堰或水庫等方式達成。如圖所示，因興建小型攔河堰調節河川流量，造成流量延時曲線改變，而將最低保證流量由 9 m^3/s 提升至 16m^3/s。

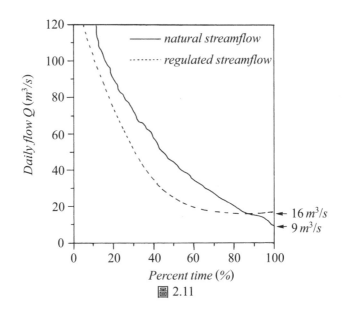

圖 2.11

12#

假設集水區之形狀如右圖所示,試求該集水區之:

(一)圓比值。

(二)細長比。(87 水保專技)

已知:$\sqrt{2}=1.414$ $\sqrt{3}=1.732$

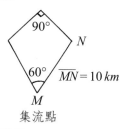

解答

集水區之面積、周長與最大長度分別為

$$A=(10\times5)/2+(10\times10\sin60°)/2=68.3\ km^2$$

$$P=2\times5/\sin45°+2\times10=34.14\ km$$

$$L=5+10\sin60°=13.66\ km$$

(一)圓比值為

$$M=\frac{集水區面積}{與集水區周長相等之圓的面積}$$

$$M=\frac{A}{\pi r^2}=\frac{A}{\pi\left(\dfrac{P}{2\pi}\right)^2}=\frac{4\pi A}{P^2}=\frac{4\times\pi\times68.3}{34.14^2}=0.736$$

(二)細長比為

$$E=\frac{與集水區面積相等之圓的直徑}{集水區最大長度}$$

$$E=\frac{2r}{L}=\frac{2\left(\dfrac{A}{\pi}\right)^{\frac{1}{2}}}{L}=\frac{2\left(\dfrac{68.3}{\pi}\right)^{\frac{1}{2}}}{13.66}=0.683$$

CHAPTER *3*

降　雨

1

解釋名詞

(1)露點 (*dew point*)。（82 中原土木）

(2)相對濕度 (*relative humidity*)。（80 中原土木）

(3)比濕度 (*specific humidity*)。（88 水利中央簡任升等考試，88 台大農工）

(4)可降水量 (*precipitable water*)。（88 水利高考三級，88 台大農工）

(5)降雨累積曲線 (*rainfall mass curve*)。（82 水利檢覈）

(6)徐昇氏法 (*Thiessen method*)。（87 淡江水環轉學考）

(7)降雨強度-延時-頻率曲線 (*rainfall intensity-duration-frequency curve*)。（81 環工專技）

(8)雙累積曲線 (*double mass curve*)。（87 台大農工）

(9)可能最大降水 (*probable maximum precipitation*)。（85 水利高考三級，85 屏科大土木）

(10)地表保持 (*surface retention*)。（88 水利中央簡任升等考試，84 水利高考二級）

(11)#對流層 (*troposphere*)。（88 水利高考三級）

(12)#溫室效應 (*greenhouse effect*)。（88 水利高考三級）

解答

(1)露點：在一定壓力與水汽含量之條件下，空氣冷卻變成飽和之溫度。

(2)相對濕度：定義為在同溫度的某容積中，空氣中之水汽量與飽和水汽量之比，或某溫度汽壓力與該溫度飽和汽壓力之比。

(3)比濕度：定義為單位質量濕空氣中之水汽質量，其值等於水汽密度與濕空氣密度之比。

(4)可降水量：是指在單位水平面積上，空氣柱內所含水汽全部凝結降落後，所能獲致之水量。

(5)降雨累積曲線：是由累積雨量與時間所點繪而成之曲線。

(6)徐昇氏法：為推求集水區平均雨量的一種方法。作法是將 N 個水文站以直線相互連接，構成多個三角形，再做三角形各邊之垂直平分線，三垂直平分線必交於一點，即為三角形之外心。連接各三角形之外心，可形成 N 個徐昇多邊形網，而每個雨量站所控制之範圍為該多邊形面積 A_i，因此可得集水區之平均雨量為

$$\overline{P} = \frac{\sum\limits_{i=1}^{N} P_i A_i}{\sum\limits_{i=1}^{N} A_i}$$

(7)降雨強度-延時-頻率曲線：是將降雨強度、延時與頻率三種變數關係繪成一組曲線圖之統計曲線。此一曲線可顯示某一地區在已知時間內各種降雨強度之機率，常於工程規劃或設計時使用。

(8)雙累積曲線：是用以檢視某測站資料蒐集程序有無變異的方法。雙累積曲線圖通常以一可視為標準的測站紀錄為基準（或利用數個測站之量測值為基準），再配合需檢視之測站紀錄予以繪圖。在測站沒有變化的情況下，這兩項數值應呈現單一線性關係。但若有任何改變影響測站紀錄，將會造成圖中斜率的變化；必須調查其原因，並修正該紀錄。

(9)可能最大降水：在特定降雨延時情況下，某地區所可能產生的最大降雨深度。

(10)地表保持：在降水期間既非入滲亦未成為地表逕流之水份，包括截留、窪蓄與蒸發等。

(11)對流層：是指地球表面至對流層頂之間的最下層大氣。平均厚度約為 12 *km*，此層之氣溫隨高度而遞減，空氣垂直運動明顯，水汽含量甚豐，形成各種天氣變化，如雲、雨、霧以及雪等。

(12)溫室效應：太陽之短波輻射可穿越大氣直達地面而被吸收，地球再以長波輻射向外發射，但一部分被大氣吸收造成溫度的增高，

此一類似保溫之作用即稱為溫室效應。大氣中可以保存能量的溫室效應氣體包括：二氧化碳、氟氯碳化物、甲烷、氧化亞氮以及臭氧等。 ◆

2

海平面之空氣壓力為 $1011.0\ mb$，溫度為 $25℃$，露點溫度為 $20℃$；且知每升高 $1000\ m$，溫度將降低 $9℃$。

試求㈠海平面上之比濕度 (*Specific humidity*)。

　　　㈡ $1500\ m$ 高處之飽和水汽壓力。（88 水保專技）

註：飽和水汽壓力與溫度之關係可表示如下：

$$e_s = 2.749 \times 10^8 \exp\left(\frac{-4278.6}{T + 242.79}\right)$$

其中，e_s：飽和水汽壓力 (mb)；

　　　T：溫度 $(℃)$。

解答

　　㈠海平面上之水汽壓力為

$$e = 2.749 \times 10^8 \exp\left(\frac{-4278.6}{T + 242.79}\right)$$

$$= 2.749 \times 10^8 \exp\left(\frac{-4278.6}{20 + 242.79}\right) = 23.35\ mb$$

　　比溼度則為

$$H_s = 0.622 \frac{e}{P_a}$$

$$= 0.622 \times \frac{23.35}{1011.0} = 0.0144$$

　　㈡ $1500\ m$ 高處之溫度為

$$25 - \frac{1500}{1000} \times 9 = 11.5℃$$

11.5℃低於露點溫度（20℃），因此其飽和水汽壓力為

$$e_s = 2.749 \times 10^8 \exp\left(\frac{-4278.6}{11.5 + 242.79}\right) = 13.55 \ mb$$

◆

3

試由可降水量公式推導其深度表示式：

$$W_p(mm) = 0.01 \Sigma \overline{H}_s \Delta P_a$$

$$W_p(inch) = 0.0004 \Sigma \overline{H}_s \Delta P_a$$

式中 $\overline{H}_s$ 為平均比溼度 (g/kg)；ΔP_a 為大氣壓力差 (mb)。

解答

單位面積上之可降水量 W_p 為

$$W_P = \frac{1}{g} \int_P^{P_0} H_s dP_a$$

式中 H_s 為比濕度 (g/g)；P_a 為大氣壓力 (mb)。或可表示為

$$W_P = \frac{1}{g} \Sigma \overline{H}_s \Delta P_a$$

由於此式所求得者為質量單位，因此若欲轉換為深度表示式，必須除以水密度

$$W_P = \frac{1}{g\rho_w} \Sigma \overline{H}_s \Delta P_a = \frac{1}{\gamma_w} \Sigma \overline{H}_s \Delta P_a$$

1. 公制單位：$\gamma_w = 9810 \ N/m^3$；$1 \ mb = 100 \ N/m^2$，因此可降水量為

$$W_P = \frac{1}{9810} \Sigma \overline{H}_s \Delta P_a \cdot \frac{1}{1000} \cdot 100 \cdot 1000 \left[\frac{m^3}{N} \cdot \frac{g}{kg} \cdot mb \cdot \frac{kg}{g} \cdot \frac{N}{mb \cdot m^2} \cdot \frac{mm}{m} \right]$$

$$W_P = 0.01 \Sigma \overline{H}_s \Delta P_a \ [mm]$$

式中平均比溼度之單位為 *g/kg*；大氣壓力之單位為 *mb*。

2. 英制單位：$\gamma_w = 62.4\ lb/ft^3$；$1\ mb = 0.0145\ lb/inch^2$，因此可降水量為

$$W_P = \frac{1}{62.4}\Sigma\overline{H}_s\Delta P_a \cdot \frac{1}{1000} \cdot 0.0145 \cdot 12^3$$

$$\left[\frac{ft^3}{lb} \cdot \frac{g}{kg} \cdot mb \cdot \frac{kg}{g} \cdot \frac{lb}{mb \cdot inch^2} \cdot \frac{inch^3}{ft^3}\right]$$

$$W_P = 0.0004\Sigma\overline{H}_s\Delta P_a\ [inch]$$

式中平均比溼度之單位為 *g/kg*；大氣壓力之單位為 *mb*。　　◆

4

假設一地方自地面起均為飽和之標準大氣，地面氣壓為 101.3*kPa*，地面溫度 $T = 30℃$，溫度降率 (*lapse rate*) $\alpha = 7.0℃/km$，試計算高程 0～1 *km*間，面積為一平方公尺之可降水重。（86 水利檢覈）

註：㈠ 採用高程間距 $\Delta Z = 1\ km$ 計算，氣體常數 (*gas constant*) $R_a = 287\ J/kgK$，並假設空氣密度 ρ_a 及比溼度 q_v 在高程方向分佈可以平均值代入。

㈡下列公式可依需要使用：

高程Z_1及Z_2對應之溫度變化式：$T_2 = T_1 - \alpha(Z_2 - Z_1)$

不同高程之壓力變化式：$\dfrac{P_2}{P_1} = \left(\dfrac{T_2}{T_1}\right)^{g/\alpha R_a}$，$g$為重力加速度

理想氣體之空氣密度公式：$\rho_a = P/(R_a T)$

飽和氣壓式：$e_s = 611\exp\left(\dfrac{17.27 \times T}{237.3 + T}\right)$

比溼度 (*specific humidity*)：$q_v = 0.622\dfrac{e}{P}$

高程間距之可降水重：$\Delta m_P = \overline{q}_v \cdot \overline{\rho}_a \cdot A \cdot \Delta Z$，其中$A$：面積

解答

已知$\alpha = 7.0℃/km$；$\Delta Z = 1\ km$。離地面 1 *km* 處之溫度與壓力分別為

$$T_2 = T_1 - \alpha (Z_2 - Z_1)$$
$$= 30 - 7 \times 1 = 23^\circ C$$
$$\frac{P_2}{P_1} = \left(\frac{T_2}{T_1}\right)^{g/\alpha R_a}$$
$$P_2 = 101.3 \left(\frac{23}{30}\right)^{9.81/(7 \times 287)} = 101.2 \ kPa$$

地面以及離地面 1 *km* 處之空氣密度分別為

$$\rho_a = \frac{P}{R_a T}$$
$$\rho_{a1} = \frac{101.3}{287(273 + 30)} = 1.165 \times 10^{-3} \ kg/m^3$$
$$\rho_{a2} = \frac{101.2}{287(273 + 23)} = 1.191 \times 10^{-3} \ kg/m^3$$

地面以及離地面 1 *km* 處之飽和汽壓力分別為

$$e_s = 611 \exp\left(\frac{17.27 \times T}{237.3 + T}\right)$$
$$e_{s1} = 611 \exp\left(\frac{17.27 \times 30}{237.3 + 30}\right) = 4244.45 \ N/m^2 = 4.24445 \ kPa$$
$$e_{s2} = 611 \exp\left(\frac{17.27 \times 23}{237.3 + 23}\right) = 2810.36 \ N/m^2 = 2.81036 \ kPa$$

地面以及離地面 1 *km* 處之比溼度分別為

$$q_v = 0.622 \frac{e}{P}$$
$$q_{v1} = 0.622 \times \frac{4.24445}{101.3} = 0.0261$$
$$q_{v2} = 0.622 \times \frac{2.81036}{101.2} = 0.0173$$

因此，平均比溼度與平均空氣密度分別為

$$\bar{q}_v = \frac{0.0261 + 0.0173}{2} = 0.0217$$
$$\bar{\rho}_a = \frac{1.165 \times 10^{-3} + 1.191 \times 10^{-3}}{2} = 1.178 \times 10^{-3}$$

故該地之可降水重為

$$\Delta m_p = \overline{q}_v \cdot \overline{\rho}_a \cdot A \cdot \Delta Z$$
$$= 0.0217 \times 1.178 \times 10^{-3} \times 1 \times 1000 = 0.0256 \ kg$$

5

試述降水形成的物理過程。（88 水保高考三級）

解答

降水是指大氣中所含水汽因溫度降低，使得未飽和的水汽趨於飽和，而由汽態轉為液態之凝結過程。水汽冷卻凝結，須以凝結核為核心，此類凝結核多為灰燼微粒、氧化物分子與鹽微粒，凝結水黏附此凝結核上而生成細小水珠。在對流層中，大氣之溫度隨其高程增加而降低。乾燥氣團平均每升高 1000 公尺，溫度下降 9.8℃；此溫度隨高程之遞減率，稱之為乾絕熱遞減率。若氣團上升後，因降低溫度而致水汽凝結成水滴，放出大量蒸發潛熱，導致氣團溫度稍微增加，故其溫度遞減率變為 6.5℃/km，稱之為飽和絕熱遞減率。上升之氣團如因水汽凝結而發生降水，則釋出的部分蒸發潛熱隨著降雨落至地面，氣團中之熱能因而散失至外部，雖其溫度遞減率與飽和絕熱遞減率相同，但其作用已非絕熱過程，稱之為假絕熱遞減率。

因此當氣團上升時，因周圍溫度降低，而導致氣團中之水汽凝結發生降雨；或是當高溫與低溫氣團混合所產生之冷卻，亦會發生降雨。降雨形態可區分為以下三類：

1. 對流雨：當地面受太陽照射而導致地面空氣溫度增高，空氣受熱膨脹而上升，遂發展成垂直氣流。此時上升氣團中的水汽，因動冷卻產生凝結，以致發生降雨。對流雨為範圍較小、延時較短的局部性降雨，盛行於夏季。對流雨生成時，常同時發生雷電，故又稱為熱雷雨。

2. 地形雨：當含有水汽之氣團向前移動，遇到山脈而被迫抬升，因動冷卻而致水汽凝結形成降雨，稱之為地形雨。一般言之，地形雨強度不大，但延時較長，是以對於大集水區之逕流量影響較大。

3. 氣旋雨：氣旋雨可區分為鋒面型與非鋒面型兩種。熱鋒雨為攜有水汽之熱氣團，向前行進時遇冷氣團而爬升到其上方，佔據原屬於冷氣團的地區，因絕熱冷卻而降雨。冷鋒雨為攜有水汽之冷氣團，向前移動時遇一較高溫氣團，因其密度較大，而沿地面向熱氣團之下部楔入，熱氣團遂被迫上升發生動冷卻而形成降雨；氣團的移動是由氣壓較高處流向氣壓較低處，在西太平洋地區由於太陽終年直射海面，蒸發量鉅大，水汽升高時，將海面空氣挾帶上升，因中心氣團上升速度極大，而導致周圍氣團向中心移動速度亦甚大，故造成氣流之極端擾動，乃形成颱風。每年侵襲台灣地區的颱風，即屬於非鋒面型氣旋雨。　◆

6

試詳述：

(一) 雨量資料發生缺漏之原因。

(二) 雨量資料補遺之方法及其假設。（83 水利普考）

解答

(一) 降雨紀錄常因人為因素或雨量計機件故障而有缺漏。對於缺漏之雨量紀錄，可應用附近較完整之水文站紀錄，以填補該站漏失之紀錄。

(二) 降雨紀錄補遺之方法可分為以下三種：

1. 內插法：若集水區內設有雨量站 A、B、C、D、E 及 F 六站，B、C、D、E、F 之雨量紀錄為完整。某次暴雨之即時雨量紀錄 P_B、P_C、P_D、P_E、P_F 為已知，但 P_A 遺失，則可用簡單的內插法以求 A 站之雨量如下

$$P_A = \frac{1}{5}(P_B + P_C + P_D + P_E + P_F)$$

上述方式僅可用於各雨量站與 *A* 站之年雨量差值小於 *A* 站年雨量之 10%，否則應採用較精確之正比法。

2. 正比法：此法乃將各測站之年雨量予以加權，其方法如下

$$P_A = \frac{1}{5}\left(\frac{N_A}{N_B}P_B + \frac{N_A}{N_C}P_C + \frac{N_A}{N_D}P_D + \frac{N_A}{N_E}P_E + \frac{N_A}{N_F}P_F\right)$$

式中 N_A、N_B、N_C、N_D、N_E 與 N_F 分別表示 *A*、*B*、*C*、*D*、*E* 與 *F* 雨量站之年雨量值。因雨量分佈與地形關係密切，正比法適合使用於地形變化較大地區之雨量紀錄補遺。

3. 四象限法：基於氣象與地形特性條件可知，相鄰地區的降雨量應較為接近。因此可假設紀錄遺失之雨量值與已知紀錄之測站的距離平方成反比，其計算方式可表示如下

$$P_A = \sum_{i=1}^{N}\left(\frac{P_i}{\Delta X_i^2 + \Delta Y_i^2}\right)\bigg/\sum_{i=1}^{N}\frac{1}{\Delta X_i^2 + \Delta Y_i^2}$$

式中 *N* 為已知紀錄之測站總數；ΔX_i 與 ΔY_i 分別為已知紀錄測站與未知紀錄測站距離之 *x* 軸與 *y* 軸分量。 ◆

7

X 某雨量站之年雨量與其鄰近 20 雨量站平均年雨量列如下表：

年份	年雨量 (*mm*)		年份	年雨量 (*mm*)	
	X 站	20 站平均		*X* 站	20 站平均
1972	188	264	1954	223	360
71	185	228	53	173	234
70	310	386	52	282	333
69	295	299	51	218	236
68	208	284	50	246	251
67	287	350	49	284	284

（續表）

66	183	236	48	493	361
65	304	371	47	320	282
64	228	234	46	274	252
63	216	290	45	322	274
62	224	282	44	437	302
61	203	246	43	389	350
60	284	264	42	305	228
59	295	332	41	320	312
58	206	231	40	328	284
57	269	234	39	308	315
56	241	231	38	302	280
55	284	312	37	414	343

試以雙累積曲線法，推求：

㈠檢定 X 雨量站雨量之一致性。

㈡何時發生變異？討論其可能原因。

㈢校正此項雨量紀錄。（87 淡江水環）

解答

㈠利用雙累積曲線分析 X 雨量站之一致性，計算 X 站以及 20 站平均之累積年雨量如下表所列，由此一資料繪製雙累積曲線圖，檢視圖 3.7 得知 X 站之雨量資料並無一致性。

表 3.7

年份		1972	71	70	69	68	67	66	65	64	63
累積雨量 (*mm*)	X 站	188	373	683	978	1,186	1,473	1,656	1,960	2,188	2,404
	20 站平均	264	492	878	1,177	1,461	1,811	2,047	2,418	2,652	2,942
X 站校正紀錄	年雨量	188	185	310	295	208	287	183	304	228	216
年份		1962	61	60	59	58	57	56	55	54	53
累積雨量 (*mm*)	X 站	2,628	2,831	3,115	3,410	3,616	3,885	4,126	4,410	4,633	4,806
	20 站平均	3,224	3,470	3,734	4,066	4,297	4,531	4,762	5,074	5,434	5,668
X 站校正紀錄	年雨量	224	203	284	295	206	269	241	284	223	173

年份		1952	51	50	49	48	47	46	45	44	43
累積雨量 *(mm)*	*X*站	5,088	5,306	5,552	5,836	6,329	6,649	6,923	7,245	7,682	8,071
	20站平均	6,001	6,237	6,488	6,772	7,133	7,415	7,667	7,941	8,243	8,593
*X*站校正紀錄	年雨量	282	218	246	284	**364**	**236**	**202**	**238**	**323**	**287**
年份		1942	41	40	39	38	37				
累積雨量 *(mm)*	*X*站	8,376	8,696	9,024	9,332	9,634	10,048				
	20站平均	8,821	9,133	9,417	9,732	10,012	10,355				
*X*站校正紀錄	年雨量	**225**	**236**	**242**	**227**	**223**	**306**				

㈡如圖所示，直線斜率在 1949 年以前發生變化，可能原因有：儀器改變、觀測程序改變、計量器位置改變等人為或天然的變化。

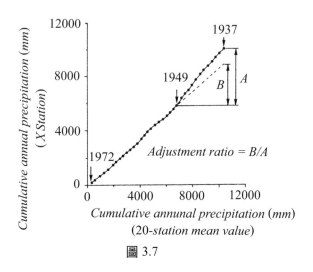

圖 3.7

㈢圖中 1972 年至 1949 年線段斜率為

$$S=\frac{5836-188}{6772-264}=0.8679$$

計算 1972 年至 1949 年延伸線段的 *B* 值

$$S = 0.8679 = \frac{B}{10355 - 6772}$$

$$\therefore \quad B = 3110$$

再利用 1949 年至 1937 年之數據推求 A 值

$$A = 10048 - 5836 = 4212$$

因此校正率為

$$\frac{B}{A} = 0.7384$$

利用此一校正率修改 X 站 1949 年以前的紀錄；例如，1948 年校正值為

$$P_{1948} = 493 \times 0.7384 = 364 \quad mm$$

其餘年份之校正值如表所列。　　　　　　　　　　　　　　◆

8
_____

試求分析降雨諸要素彼此間關係：

㈠降雨強度 i 與降雨深度 P；

㈡降雨強度 i 與降雨延時 t（含短延時及長延時）；

㈢降雨強度 i，降雨延時 t 及重現期 T；

㈣降雨深度 P 與降雨面積 A；

並申述之。（84 水利中央薦任升等考試）
_____

解答

㈠降雨深度 P 與降雨強度 i 之關係為

$$P = it$$

式中 t 為降雨延時。若降雨強度越大或降雨延時越長，則降雨深

度越大。

㈡降雨強度 *i* 與降雨延時 *t* 之關係可表示如 *Hornor* 公式

$$i = \frac{a}{(t+b)^n}$$

式中 *a*、*b*、與 *n* 均為係數。當降雨延時越長則降雨強度越小。

㈢降雨強度 *i*、降雨延時 *t* 以及重現期 *T* 之關係可表示如 *Feir* 公式

$$i = \frac{cT^m}{(t+d)^n}$$

式中 *c*、*d*、*m* 與 *n* 均為係數。此三者關係可繪製成降雨強度-延時-頻率曲線，重現期越大或降雨延時越短者，其降雨強度越大。

㈣利用雨量站紀錄推求集水區平均雨量之方法有算術平均法、徐昇多邊形法與等雨量線法等；若欲將點降雨資料應用於整個集水區時，亦可藉由降雨深度-面積-延時曲線進行分析；此外，*Horton* 將降雨深度 *P* 與降雨面積 *A* 之關係表示為

$$P = P_0 e^{-kA^n}$$

式中 P_0 為流域中之最大水深；*k* 與 *n* 為係數。　　　　◆

9#

試述如何以最小二乘方法，推估呈現線性方程式 *y* = *a* + *bx* 之水文資料的迴歸係數。

解答

若資料中之自變數 x_i 與因變數 y_i 呈線性關係，則可求得一最佳迴歸直線，使得觀測值與推估值之間的殘差 (*residual*) 平方和為最小。迴歸直線表示為

$$\hat{y} = a + bx$$

式中$\hat{y}$為對應於x之推估值。殘差平方和則可表示為

$$\Sigma e^2 = \Sigma [y - \hat{y}]^2 = \Sigma [y - (a + bx)]^2$$

當殘差平方和為最小時,上式對係數a及b之偏微分為零,因此

$$\frac{\partial \Sigma e^2}{\partial a} = -2\Sigma (y - a - bx) = 0$$

$$\frac{\partial \Sigma e^2}{\partial b} = -2\Sigma (y - a - bx)(x) = 0$$

由此可得正規方程式為

$$\Sigma y = na + b\Sigma x$$

$$\Sigma xy = a\Sigma x + b\Sigma x^2$$

式中n為資料數。因此可解得係數a及b分別為

$$a = \frac{\begin{bmatrix} \Sigma y & \Sigma x \\ \Sigma xy & \Sigma x^2 \end{bmatrix}}{\begin{bmatrix} n & \Sigma x \\ \Sigma x & \Sigma x^2 \end{bmatrix}} = \frac{\Sigma y \Sigma x^2 - \Sigma x \Sigma xy}{n\Sigma x^2 - (\Sigma x)^2}$$

$$b = \frac{\begin{bmatrix} n & \Sigma y \\ \Sigma x & \Sigma xy \end{bmatrix}}{\begin{bmatrix} n & \Sigma x \\ \Sigma x & \Sigma x^2 \end{bmatrix}} = \frac{n\Sigma xy - \Sigma x \Sigma y}{n\Sigma x^2 - (\Sigma x)^2}$$

10

已知某地點 20 年間雨量資料如下表,試求其 5 年 1 次頻率之降雨強度-延時公式。(83 水保專技)

相當於或大於下列降雨強度 (*mm/hr*) 之發生次數

持續時間分鐘	50	55	60	65	70	75	80	85	90	95	100	105	110	115	120	125	130	135	140	145	150	155	160	165	170
持 5											31	25	18	15	15	13	11	11	9	6	6	6	5	4	0
續 10										23	19	14	13	12	12	6	5	5	5	4	4	3	2	2	
時 15								23	22	15	12	11	11	11	11	6	5	3	3	2					
間 20								21	18	14	10	11	11	11	10	7	3	2							
30				26	21	17	13	10	8	8	6	4	2	1	1	1									
分 40		33	27	22	17	13	11	8	8	3	2	2	2	1											
鐘 60	23	17	10	7	5	3	3																		

解答

重現期為 5 年，因此 20 年間共發生 20/5 = 4 次。若由降雨延時尋求表中發生 4 次之降雨強度，可得表 3.10.1

表 3.10.1

(1) $t\,(min)$	5	10	15	20	30	40	60
(2) $i\,(mm/hr)$	165	150	133	124	110	91	73

例如，$t = 5\,min$ 時，發生 4 次之降雨強度為 $165\,mm/hr$；$t = 10\,min$ 時，降雨強度為 $150\,mm/hr$（選取數值最大者）；$t = 15\,min$ 時，內插求得降雨強度為 $133\,mm/hr$。同理，若由降雨強度尋求表中發生 4 次之降雨延時，可得表 3.10.2

表 3.10.2

(1) $i\,(mm/hr)$	75	80	95	100	105	110	115	120	125	130	135	140	145	150	155	160	165
(2) $t\,(min)$	58	58	38	37	35	30	28	25	18	17	13	13	10	10	8	7	5

選用 *Sherman* 公式以表示重現期 $T = 5$ 年之降雨強度與降雨延時關係，取對數後成為一直線

$$\log i = \log a + b \log t$$

再以表 3.10.1 與表 3.10.2 之數據，求得$\Sigma \log t = 23.68$；$\Sigma \log i = 37.27$；$\Sigma (\log t)^2 = 32.83$；$\Sigma (\log t \times \log i) = 48.51$，因此以最小二乘方法求得參數 a 與 b

$$\log a = \frac{\Sigma \log i \Sigma (\log t)^2 - \Sigma (\log t) \Sigma (\log t \times \log i)}{n\Sigma (\log t)^2 - (\Sigma \log t)^2}$$

$$= \frac{37.27 \times 32.83 - 23.68 \times 48.51}{18 \times 32.83 - 23.68^2} = 2.48$$

$$b = \frac{n\Sigma (\log t \times \log i) - \Sigma \log t \Sigma \log i}{n\Sigma (\log t)^2 - (\Sigma \log t)^2}$$

$$= \frac{18 \times 48.51 - 23.68 \times 37.27}{18 \times 32.83 - 23.68^2} = -0.31$$

因此，降雨強度-延時公式為：

$$\log i = 2.48 - 0.31 \log t$$

$$\therefore \quad i = \frac{302}{t^{0.31}}$$

◆

11

已知某雨量站迴歸週期為 5 年之降雨強度 i 與延時 t 之記錄如下：

強度 $i\,(in/hr)$	6.50	4.75	4.14	3.50	2.46	2.17	1.88	1.66	1.36	1.11
延時 $t\,(min)$	5	10	15	20	30	40	50	60	80	100

假設降雨強度與延時關係為$i = a/(t+b)^{0.66}$，試決定係數 a 及 b。（83 水保檢覈）

解答

以對數表示降雨強度與延時之關係時，將成為一直線

$$\log i = \log a - 0.66 \log(t+b)$$

若將表中數據繪於對數紙上,以試誤法選擇 $b=1.96$ 時,圖中曲線較接近於直線,此時降雨強度與延時之關係式為

$$i = \frac{25.02}{(t+1.96)^{0.66}}$$

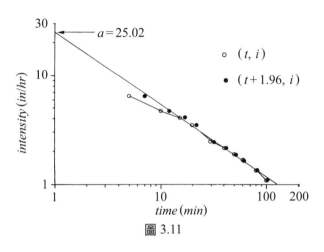

圖 3.11

12

試詳述:

(一)DAD分析 (*Maximum Rainfall Depth-Area-Duration Analysis*)。

(二)DAD曲線推求之步驟,並繪其圖。(90 水利普考,83 水利省市升等考試)

解答

(一)最大降雨深度-面積-延時分析是利用不同降雨延時之深度面積曲線,以圖示方式對暴雨在面積分佈上所作的降雨研究,用以計算不同面積上不同降雨延時之最大降水量。如圖所示,為利用一個地區數個雨量站紀錄,所分析得到之降雨深度-面積-延時曲線。該圖顯示在特定延時情況下,區域降雨總深度隨面積之增加而減少。

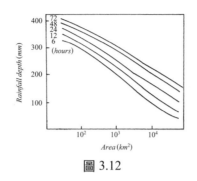

圖 3.12

㈡對於只有一個暴雨中心的暴雨，其降雨深度-面積-延時曲線之推
求步驟可概述如下：

　　1. 利用雨量站之紀錄資料繪製等雨量線，並依照等雨量線切割集
水區成為數個區域，先選定暴雨中心所在位置之最小區域為控
制面積，再依次由暴雨中心逐漸向外擴大控制面積，直至包含
整個集水區 $(A = N\Delta A)$ 為止，即 $A_n = n\Delta A$，$n \leq N$；

　　2. 由雨量紀錄推求各控制面積 (A_n) 上之降雨時間分佈；

　　3. 依序尋找控制面積 $A_n(n=1, 2, ..., N)$ 上，降雨時間分佈中延時為
Δt 之最大平均雨量；

　　4. 重複步驟 3，將延時逐漸增加為 $2\Delta t, 3\Delta t, ..., l\Delta t$，直至延時等
於暴雨延時 $(L\Delta t)$ 為止；

　　5. 以面積之對數值為橫座標，最大平均降雨深度為縱座標，依不
同延時 $l\Delta t (l = 1, 2, ..., L)$ 所繪製之曲線即為 DAD 曲線。

　　若降雨形態存有數個暴雨中心，則應分成數個區域再予以分
析。　　　　　　　　　　　　　　　　　　　　　　　　　　　◆

13

㈠解釋臨前降雨指數 (*Antecedent precipitation index, API*)，有何用處？

㈡影響窪蓄 (*Depression storage*) 的因素為何？依據 *Linsley* 等人的研
究，窪蓄量可以下式表示：

$$V(t) = S_d \left[1 - \exp^{-KP_e(t)} \right]$$

試解釋其意義，以圖形表示，並證明$K = 1/S_d$。（84 水利檢覈）

解答

㈠土壤水份含量多寡常影響集水區逕流量大小，臨前降雨指數即是用以判別暴雨開始前之流域含水狀況，以作為逕流量估計之指標。

㈡在降雨初期窪蓄量增加極為迅速，而後因窪蓄容量逐漸填滿，任何增加的水量都將會成為逕流。因此降雨剛發生之時，超滲降雨$P_e(0)=0$，且$dV/dP_e \to 1$，所以K值為

$$\frac{dV(t)}{dP_e(t)} = \frac{d}{dP_e(t)} \left\{ S_d \left[1 - e^{-KP_e(t)} \right] \right\} \to 1$$
$$-S_d(-K)e^{-KP_e(t)} \to 1$$
$$S_d K e^{-K \times 0} = 1$$
$$K = 1/S_d$$

假若某地最大窪蓄容量S_d為 2 mm，則$K = 1/2$且窪蓄量可表示為

$$V(t) = 2 \left[1 - e^{-0.5P_e(t)} \right]$$

超滲降雨和窪蓄量之關係如圖所示。

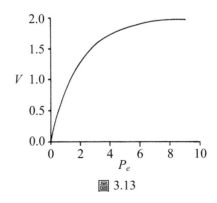

圖 3.13

14

一集水區降雨期間之累積窪蓄量 V、累積超滲降雨 Pe 及最大窪蓄量 Sd 之關係式如下：$V=Sd[1-\exp(-Pe/Sd)]$，現已知某場降雨之小時雨量強度及入滲率如下表所示，又集水區之最大窪蓄容量為 $1.0\,cm$，試求降雨期間各小時之窪蓄速率及漫地流供給速率。（89 水利高考三級）

時間 (hr)	1	2	3	4	5	6	7
降雨強度 (cm/hr)	0.2	1.6	6.0	3.9	3.3	3.2	2.0
入滲率 (cm/hr)	0.2	1.6	5.8	3.6	2.8	2.2	1.0

解答

表中第(1)、第(2)與第(3)欄位為已知，其餘欄位之分析步驟如下：

表 3.14

(1) t (hr)	(2) i (cm/hr)	(3) f (cm/hr)	(4) i_e (cm/hr)	(5) P_e (cm/hr)	(6) V (cm/hr)	(7) 窪蓄速率 (cm/hr)	(8) 漫地流供給率 (cm/hr)
1	0.2	0.2	0	0	0	0	0
2	1.6	1.6	0	0	0	0	0
3	6.0	5.8	0.2	0.2	0.18	0.18	0.02
4	3.9	3.6	0.3	0.5	0.39	0.21	0.09
5	3.3	2.8	0.5	1.0	0.63	0.24	0.26
6	3.2	2.2	1.0	2.0	0.86	0.23	0.77
7	2.0	1.0	1.0	3.0	0.95	0.09	0.91

1. 第(4)欄位為超滲降雨強度 i_e，即降雨強度扣除入滲率之值；
2. 第(5)欄位為累積超滲降雨 P_e，是第(4)欄位的累積值；
3. 第(6)欄位為累積窪蓄量 V，因為最大窪蓄量 $S_d=1.0\,cm$，所以計算式變為

$$V = 1 - \exp(-P_e)$$

4. 第(7)欄位為窪蓄速率，是累積窪蓄量之差值；

5. 第(8)欄位為漫地流供給率，是超滲降雨強度與窪蓄速率之差值。

◆

蒸發與蒸散

1

解釋名詞

(1)勢能蒸發量(*potential evaporation*)。（88 台大農工，85 屏科大土木，82 中原土木）

(2)包文比 (*Bowen's ratio*)。（88 台大農工）

(3)蒸發皿係數(*Pan coefficient*)。（82 中原土木）

解答

(1)勢能蒸發量：是假設水份充分供應情況下，所可能發生的蒸發散量。

(2)包文比：水體以對流或傳導方式散失至大氣的可感熱傳遞與蒸發過程所需能量之比值。如下所示

$$B = \frac{Q_h}{Q_e} = \gamma_p \frac{P_a}{1000} \frac{T_s - T}{e_s - e}$$

式中 γ_p 為乾濕常數 (*mb*/℃)；T_s 為水面溫度 (℃)；T 為空氣溫度 (℃)；e_s 為飽和水汽壓力 (*mb*)；e 為空氣中之水汽壓力 (*mb*)；以及 P_a 為大氣壓力 (*mb*)。*Bowen* 發現乾濕常數 γ_p 約為 0.58～0.66 之間，一般在標準大氣狀況下為 0.61，常採用的代表值則為 0.66。

(3)蒸發皿係數：大型水體蒸發量與蒸發皿蒸發量之比值。　　◆

2

能量平衡法及空氣動力分析之質量傳輸法為分析水面蒸發量之主要理論方法。試簡述兩方法之假設及理論依據，並說明彭門氏 (*Penman*) 如何改善上述兩方法之缺點，以推廣其應用。（86 水保檢覈，85 水利高考三級，84 水利乙等特考）

解答

質量傳遞法是利用不同高度之氣溫、溼度與風速等觀測值以推求蒸發量。因蒸發量與風速以及水汽壓力 (e) 對飽和水汽壓力 (e_s) 之差值成正比,故 *Dalton* 認為

$$E = f(V_a)(e_s - e)$$

式中 E 為蒸發率;$f(V_a)$ 為水平風速函數。

　　能量平衡法是根據能量平衡的原理,藉由輸入、輸出以及儲存在水體之能量推求蒸發量。能量平衡法之表示式為

$$[Q_s(1-a) + Q_a] - [Q_b + Q_h + Q_e] = Q_t \qquad (4.2.1)$$

式中 Q_s 為太陽的整體輻射量;a 為水體表面之反照率;Q_a 為河川入流或降雨以對流方式進入水體之淨能量;Q_b 為水體以長波輻射方式所散失之能量;Q_h 為水體以對流或傳導方式散失至大氣之可感熱傳遞;Q_e 為蒸發過程所需之能量;Q_t 為水體在單位時間內貯存能量之增值。式中各項均以能量通量表示之,亦即為每單位蒸發表面積上於單位時間內所接收或散失之能量。

　　彭門應用能量平衡法與質量傳遞法,推導出計算水庫蒸發的替代方法。此方法之好處在於計算過程中,不需要水面溫度資料。彭門法改善上述兩種理論之方式為:

1. 假設能量平衡法中之水體能量變化部分可以忽略(即 $Q_a = 0$ 及 $Q_t = 0$),則(4.2.1)式可簡化為

$$Q_s(1-a) - Q_b = Q_h + Q_e$$

上式左側稱為淨輻射量 Q_n,右側可表示為 $Q_e(1+B)$,因此

$$Q_n = Q_e(1+B)$$

式中 B 為包文比。將上式轉為蒸發率單位

$$E_n = E(1+B) \qquad\qquad (4.2.2)$$

式中 E_n 為淨輻射所能提供的蒸發率；E 為實際蒸發率。

2. 應用質量傳遞法分別計算以水面上層空氣情況為基準之蒸發率 E_a，以及與以水面情況為基準之蒸發率 E_w，可得其比值為

$$\frac{E_a}{E_w} = \frac{e_{as} - e}{e_s - e} = 1 - \frac{e_s - e_{as}}{e_s - e}$$

式中 e_{as} 為相對於空氣溫度 T 之飽和水汽壓力；e_s 為相對於水面溫度 T_s 之飽和水汽壓力；e 為空氣之水汽壓力。

3. 當 $P_a = 1000\,mb$（接近海平面大氣壓力為 $1013.2\,mb$）時，包文比可簡化為

$$B = \gamma_p \frac{T_s - T}{e_s - e}$$

再定義溫度差與壓力差梯度為

$$\Delta = \frac{e_s - e_{as}}{T_s - T}$$

因此，包文比可表示為

$$B = \frac{\gamma_p}{\Delta} \frac{e_s - e_{as}}{e_s - e} = \frac{\gamma_p}{\Delta} \left(1 - \frac{E_a}{E_w} \right)$$

4. 假設以水面情況為基準之蒸發率 E_w 接近於實際蒸發率 E（即上式中 $E_w = E$），將上式代入（4.2.2）式可得彭門法計算自由水面之蒸發公式

$$\begin{aligned}
E_n &= E(1+B) \\
&= E\left[1 + \frac{\gamma_p}{\Delta}\left(1 - \frac{E_a}{E} \right) \right] \\
&= \left(1 + \frac{\gamma_p}{\Delta} \right) E - \frac{\gamma_p E_a}{\Delta} \\
\therefore\quad E &= \frac{\Delta E_n + \gamma_p E_a}{\Delta + \gamma_p}
\end{aligned}$$

式中 E 為蒸發率；E_n 為應用淨輻射量計算所得之蒸發率；E_a 為應用質量傳遞法計算所得之蒸發率。若上述 E、E_n 與 E_a 之單位均為 cm/day，則 Δ 與 γ_p 均為 $mb/℃$。 ◆

3

某集水區面積為 $516\ km^2$，在集水區出口有一水庫，其表面積為 $16\ km^2$。集水區之年平均雨量為 $90\ cm$，年平均逕流量為 $25cm$，水庫之平均放水量為 $5.25\ cms$、平均滲漏量為 $0.2\ cms$，若一年後水庫之水位下降 $2.5\ m$，試求水庫之年蒸發體積 (m^3) 及深度 (cm)？（85 水保檢覈）

解答

水庫內之年雨量為 $0.9 \times 16 \times 10^6 = 14400000\ m^3$

水庫之年入流量為 $0.25 \times (516 - 16) \times 10^6 = 125000000\ m^3$

水庫之年出流量為 $5.25 \times 365 \times 86400 = 165564000\ m^3$

水庫之年滲漏量為 $0.2 \times 365 \times 86400 = 6307200\ m^3$

利用水平衡法計算年蒸發體積及深度

$$14400000 + 125000000 - 165564000 - 6307200 - E = -2.5 \times 16 \times 10^6$$

$$E = 7528800\ m^3$$

$$E = \frac{7528800}{16 \times 10^6} \cdot 100 = 47.06\ cm$$

◆

4

假設湖泊旁邊設置一 A 級晞皿，其係數 C 為 0.7，某日降雨 0.5 吋，為保持晞皿內水位與前一日者相同，在第二天增加水 0.3 吋，求該日實際之蒸發量。（87 淡江水環）

解答

利用蒸發皿量測蒸發率是決定自由水面蒸發最直接的方法。因自由水面的蒸發量低於蒸發皿之實際量測量，所以

$$E = C_p E_p$$

式中 C_p 為蒸發皿係數；E_p 為蒸發皿實際量測量。該蒸發皿內承受加入水量 0.3 吋以及降雨 0.5 吋，因此該日之實際蒸發量為

$$E = (0.5 + 0.3) \times 0.7 = 0.56 \ inch$$

◆

5

何謂作物之耗水量 (*Consumptive use*)？其單位如何表示？並說明其觀測方法。（82 水保丙等特考）

解答

某一地區內蒸發散量與植物生長用水量之總和，即稱為作物耗水量或作物需水量。一般農業上常應用 *Blaney-Criddle* 法或以測滲計推求作物需水量。

1. *Blaney-Criddle* 法：特定月份之作物需水量可表示為

$$C_u = k_s T_m \frac{D_t}{100}$$

式中 C_u 為特定月份之作物需水量 (*in/month*)；k_s 為適用於特定作物的需水係數；T_m 為月平均溫度 ($°F$)；D_t 為每月之日照時數百分率，與地區之經緯度有關。

2. 測滲計：測滲計是針對特殊作物種植之土地，量測該系統之水份入流量、出流量與土壤內貯蓄水量，藉以推求蒸發散過程之作物需水量。測滲計尺寸從 $1 \ m^3$ 至超過 $150 \ m^3$ 以上者都有，通常在其內部之土壤與植物儘可能與實際環境相同。測滲計量測值被認為

是蒸發散量之最佳測定方式，常被其它方法視為對照標準。然而對於森林植物，仍無法施用此種技術。　　　　　　　　　　　◆

6

說明葉蒸勢能（*potential evapotranspiration*）與實際蒸發散量（*evapotranspiration*）之差異。（85 逢甲土木及水利）

解答

勢能蒸發散（*potential evapotranspiration*）是假設水份充分供應情況下，所可能發生的蒸發散量，因此勢能蒸發散可視為作物需水量之指標。勢能蒸發散接近於自由水面之蒸發量，但因土壤表面之反照率較水體的反照率為高，因此勢能蒸發散乃較自由水面蒸發量為低。實際上，集水區內之環境並不容易滿足水份充分供給的條件，因此實際蒸發散量往往又較勢能蒸發散為低。由於缺乏實際蒸發散量與勢能蒸發散間之良好關係，加上實際蒸發散量不易量測，所以在實用上，常以勢能蒸發散代替實際蒸發散量。　　　　◆

7

已知下述月份之降雨量 (P)、勢能蒸發散 (PET) 及土壤水份含量 (SM) 如下表所示，試求各月份之實際蒸發散量？（82 水利普考）

月份	1	2	3	4
$P(mm)$	100	70	65	70
$PET(mm)$	90	90	90	90
$SM(mm)$	150	140	130	120

解答

藉由下列方式，可由勢能蒸發散推估實際蒸發散量

當 $P < PET$ 時，$AET = P - \Delta SM$；

當 $P > PET$ 時，$AET = PET$

式中 AET 為實際蒸發散量。因此各月份之實際蒸發散量為

1 月份實際蒸發散量：$AET_1 = 90\ mm$；

2 月份實際蒸發散量：$AET_2 = 70 - (140 - 150) = 80\ mm$；

3 月份實際蒸發散量：$AET_3 = 65 - (130 - 140) = 75\ mm$；

4 月份實際蒸發散量：$AET_4 = 70 - (120 - 130) = 80\ mm$。 ◆

8

已知各月份降雨 (P)、勢能蒸發散 (PET) 及部分月份之土壤水份 (SM) 如下表所示。若土壤水份之上限為 $150mm$，試求：

㈠ 5、6、7 及 8 月份之土壤水份。

㈡ 各月份之實際蒸發散量。

㈢ 7 月與 8 月之逕流量。（87 水利省市升等考試）

月份	1	2	3	4	5	6	7	8	9	10	11	12
$P(mm)$	90	100	40	30	105	110	145	140	40	20	115	100
$PET(mm)$	90	92	95	100	95	90	85	80	75	80	85	90
$SM(mm)$	150	150	120	110					140	110	140	150

解答

表中第(1)列至第(3)列為已知，第(4)列之未知值與第(5)、第(6)列之計算方式如下：

表 4.8

(1)月份	1	2	3	4	5	6	7	8	9	10	11	12
(2)$P(mm)$	90	100	40	30	105	110	145	140	40	20	115	100
(3)$PET(mm)$	90	92	95	100	95	90	85	80	75	80	85	90
(4)$SM(mm)$	150	150	120	110	120	140	150	150	140	110	140	150
(5)$AET(mm)$	90	92	70	40	95	90	85	80	50	50	85	90
(6)$R(mm)$	0	8	0	0	0	0	50	60	0	0	0	0

1. 由於 5、6、7、8 月份之降雨量均大於勢能蒸發散，因此其實際蒸發散量即為勢能蒸發散，分別為：$AET_5 = 95\,mm$、$AET_6 = 90\,mm$、$AET_7 = 85\,mm$ 以及 $AET_8 = 80\,mm$；

2. 第(4)列為土壤水份含量。其關係為

$$SM_t = SM_{t-1} + P_t - AET_t\,;\ SM_t \leq 150\,mm$$

因此，欠缺的 5、6、7 及 8 月份之土壤水份含量為

$$SM_5 = 110 + 105 - 95 = 120\,mm$$
$$SM_6 = 120 + 110 - 90 = 140\,mm$$
$$SM_7 = 140 + 145 - 85 = 200\,mm\,,\ SM_7 = 150\,mm$$
$$SM_8 = 150 + 140 - 80 = 210\,mm\,,\ SM_8 = 150\,mm\,;$$

3. 第(5)列為實際蒸發散量。計算式為

$$當 P < PET 時，AET = P - \Delta SM$$
$$當 P > PET 時，AET = PET\,;$$

4. 第(6)列為逕流量。計算式則為

$$R = P - AET - \Delta SM$$

故 7 月與 8 月之逕流量分別為 50 mm 及 60 mm。

9

試說明影響蒸發的因素及減少水面蒸發的方法。（88 水利中央簡任升等考試）

解答

　　蒸發散是指地表上所有液態或固態的水轉變成大氣中水汽之歷程，因此其中包含河川、海洋、裸露土壤以及植物表面等液態水之蒸發現象，以及經由植物根系吸收水份，而後散失水份於葉面之蒸散現象。

　　蒸發過程與氣象條件如：太陽輻射、大氣溫度、日照、濕度、風以及氣壓等息息相關；其它如蒸發面形狀、大小、水深、水質、土壤含水量、土壤組織、土壤顏色、地下水位以及地面植物等亦能影響蒸發量。蒸散與自由水面蒸發之主要不同為植物可利用生理控制氣孔開闔大小，藉由主控細胞運作以減少水汽損失。影響主控細胞開闔之主要因素為：(1)日光（大多數植物於日間開啟氣孔，夜間閉闔），(2)濕度（當濕度低於飽和值時，傾向於減少開啟氣孔），以及(3)葉部細胞之含水量（若白天含水量太低，則氣孔閉闔）。

　　減少自由水面蒸發的方法有：(1)以地下水庫方式貯水，(2)控制區域內耗水性植物之成長，(3)在水面加覆蓋（物體或化學薄膜），以及(4)以封閉管路輸水而不使用明渠；而土壤蒸發損失可採用不同種類的表面覆蓋或化學藥劑來控制；至於降低蒸散的方法，包括以化學藥品抑制水份消耗（類似以薄膜控制表面蒸發）、改進灌溉經營方式以及除去耗水性植物等。　　　　　　　　　　　◆

CHAPTER 5

1

解釋名詞

(1)入滲 (*infiltration*)。（87 屏科大土木）

(2)土壤水份特性曲線 (*soil-moisture-retention curve*)。（87 屏科大土木）

(3)土壤水份之遲滯效應 (*hysteresis*)。（88 台大農工）

(4)入滲容量 (*infiltration capacity*)。（88 水利中央簡任升等考試，84 水利高考二級）

(5)#附著水 (*pellicular water*)。（83 水利檢覈）

(6)#入滲係數 (*infiltration coefficient*)。（84 屏科大土木，82 中原土木）

解答

(1)入滲：是指水份由土壤表面進入土壤內之過程。

(2)土壤水份特性曲線：是由土壤中壓力頭與水份含量間之關係所點繪而成的曲線。此一關係並非線性，且與土壤水份乾燥或濕潤之歷程有關，因此呈現迴圈形態，稱為遲滯效應。

(3)土壤水份之遲滯效應：真實土壤中，某一含水量下之張力值並非單一，而是與土壤水份含量變化的歷程有關，所以在逐漸乾燥土壤中的水份張力必將大於逐漸濕潤土壤中的水份張力。

(4)入滲容量：在水份充分供給的情況下，土壤所能達到之最高入滲率。入滲容量隨時間而下降，最後趨於定值。

(5)附著水：是指重力水排除後，仍存留在土壤顆粒周圍之水份。亦稱作薄膜水或吸黏水，可被植物根部吸收與蒸散，但不會被重力排出，也不會被局部蒸發散所引起之薄膜不平衡力牽引。

(6)入滲係數：在已知情況下，土壤入滲量與降雨量之比值。　　◆

2

請以達西定律（$q_d = -\nabla(\phi)$, $\phi = z + p/\gamma$）的觀點說明為何乾燥土壤之入

滲率較濕潤土壤來得大？（85 逢甲土木及水利）

解答

不飽和水流在土壤中，其入滲機制可由達西定律描述

$$V = -K(\theta)\frac{dh}{dl} = -K(\theta)\frac{d}{dl}\left(z + \frac{p}{\gamma_w}\right)$$

式中 V 為 l 方向上通過單位橫斷面土壤之體積流率 $[L/T]$；z 為任意已知高程；p 為土壤水份壓力；γ_w 為水的比重；以及 $K(\theta)$ 為土壤之水力傳導度；θ 為土壤水份含量；dz/dl 表示每單位水體所受之重力梯度；$d(p/\gamma_w)/dl$ 表示每單位水體所受之壓力梯度。

　　若以大氣壓力為基準，則在土壤飽和情況下，土壤水份壓力 $p \geq 0$；而在土壤不飽和情況下，土壤水份壓力 $p < 0$。此 $p < 0$ 情況下之負壓力通常稱作吸力或張力。不飽和土壤中，水份藉由表面張力以保存於土粒中，當土壤中水份含量愈少時其張力水頭會愈大，使得達西定律中之壓力梯度愈大，因此乾燥土壤之入滲率會較濕潤土壤大上許多。　　　　　　　　　　　　　　　◆

3

何謂滲透強度 (*infiltration rate*)？為何滲透強度會隨時間而衰減，試述之。（88 水保專技）

解答

土壤水份入滲之速率稱為入滲率 (*infiltration rate*)。在一均質土壤中，入滲率將隨著水份供給情況與時間而呈現規律性的改變，以達西方程式表示為

$$V = -K(\theta)\frac{d}{dl}[z + \psi(\theta)]$$

式中 $K(\theta)$ 為水力傳導度；θ 為土壤水份含量；z 為任意已知高程；$\psi(\theta)$ 為吸力水頭。在土壤水份入滲初期，主要是由吸力水頭所主控，此時入滲率會大於土壤飽和時之水力傳導度 K_{sat} 甚多；土壤水份入滲末期則主要是受重力所主控，因此入滲率逐漸減小，最後等於飽和時之水力傳導度 K_{sat}。 ◆

4

試繪圖說明降雨期間於

㈠不同坡度；

㈡不同土壤水份含量；

㈢不同 K 值（K 係指 *Horton* 入滲曲線方程式之衰減係數）

之入滲率～時間變化曲線。（87 海大河工）

解答

㈠坡度較平緩者，地表逕流運行緩慢，因而增加土壤水份入滲機會。反之，坡度較陡之坡面，地表逕流速度較高，因而土壤水份較不易入滲。

㈡土壤入滲率可表示如

$$V = -K(\theta) \frac{d}{dl} [z + \psi(\theta)]$$

式中 $K(\theta)$ 為水力傳導度；θ 為土壤水份含量；z 為任意已知高程；$\psi(\theta)$ 為吸力水頭。土壤水份含量較少的乾燥土壤其吸力水頭較大，所以壓力梯度 $d\psi(\theta)/dl$ 較大，故乾燥土壤之入滲率較高。

㈢荷頓入滲曲線方程式為

$$f = f_c + (f_0 - f_c) e^{-kt}$$

式中 f_0 為起始入滲率；f_c 為穩定入滲率；k 為衰減係數。由此可知，在 f_0 與 f_c 相同的情況下，k 值越大則入滲率 f 遞減的越快。

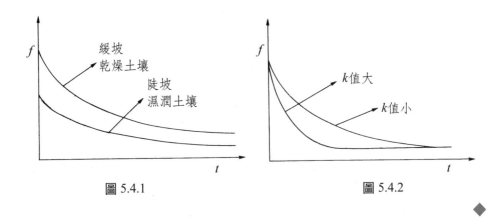

圖 5.4.1   圖 5.4.2

◆

5

㈠雙筒式入滲計之內筒入滲率較大，抑內外筒間之入滲率較大？原因為何？

㈡操作此入滲計時，需注意哪些事項？請舉一項最重要的即可。（86 逢甲土木及水利）

解答

㈠雙環入滲計是相當常見的土壤入滲率量測方式，為直接量測田野間小面積土壤入滲能力的環狀鐵器。因水份入滲到不飽和土壤係受土壤水份吸力與重力之影響，所以注入於環筒入滲計之水份，會分別向垂直與橫向移動，介於兩環筒間之土壤扮演緩衝區，可減緩內環筒水份之橫向移動，故僅量測內環筒以計算土壤的入滲率，也因此外筒間之入滲率勢必較大。

㈡操作入滲計之注意事項有：

1. 裝設時儘量避免破壞土壤組織。

2. 入滲計內筒與外筒之圓心應重合。

3. 實驗需隨時間記錄，並不斷加水於筒內，直到入滲率降低至定值為止。

4.加水時應防止水面波動或水花飛濺，最後將所加入的水量除以
記錄時間，即為土壤之入滲率。　　　　　　　　　　　◆

6
_____

依荷頓 *(Horton)* 入滲方程式繪出之入滲曲線如下圖所示，試證
$k = (f_0 - f_c)/A$，其中 k 為時間常數，f_0 為初始入滲率，f_c 為穩定入滲
率，A 為入滲曲線與 f_c 線間之面積。（89 中興水保，83 環工專技）

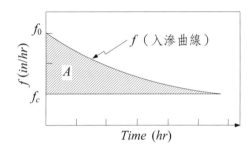

_____

解答

因為 A 為入滲曲線與 f_c 線間之面積，所以

$$A = \int_0^\infty (f - f_c)\,dt$$
$$= \int_0^\infty (f_0 - f_c)\,e^{-kt}dt$$
$$= \left.\frac{(f_0 - f_c)\,e^{-kt}}{-k}\right|_0^\infty$$
$$= \frac{(f_0 - f_c)}{k}$$

故　$k = \dfrac{(f_0 - f_c)}{A}$　　　　　　　　　　　◆

7
_____

有一集水區，由觀測站測得 12 小時之總降雨量為 320 *mm*，由下游端
之流量測站分析所得之流量歷線，計算出直接逕流量為 $105.8 \times 10^5 m^3$。

設損失雨量以入滲量為最大，其他截留、窪蓄等之損失可予以忽略。
試由此求該次降雨後，第 7 小時之入滲率及此 7 小時之總入滲量。
（87 水利專技）

（已知：*Horton* 入滲率公式中，最終入滲率 $f_c = 0.25$ *mm/hr*，減衰係
數 $k = 0.14$ *hr*$^{-1}$，集水面積 $= 45$ *km*^{2}）

解答

集水區之直接逕流量為

$$DR = \frac{105.8 \times 10^5}{45 \times 10^6} \cdot 1000 = 235.1 \ mm$$

降雨總入滲量為 $320 - 235.1 = 84.9$ *mm*，利用總入滲量計算起始入滲率

$$F = f_c t + \frac{(f_0 - f_c)}{k}\left(1 - e^{-kt}\right)$$

$$84.9 = 0.25 \times 12 + \frac{f_0 - 0.25}{0.14}\left(1 - e^{-0.14 \times 12}\right)$$

$$f_0 = 14.34 \ mm/hr$$

所以，第 7 小時之入滲率為

$$f = f_c + (f_0 - f_c)\,e^{-kt}$$

$$f_7 = 0.25 + (14.34 - 0.25)\,e^{-0.14 \times 7} = 5.54 \ mm/hr$$

7 小時之總入滲量則為

$$F_7 = 0.25 \times 7 + \frac{14.34 - 0.25}{0.14}\left(1 - e^{-0.14 \times 7}\right)$$

$$\therefore \quad F_7 = 64.62 \ mm \qquad ◆$$

8

已知某集水區在降雨前之土壤水份條件時，其入滲容量 f_p 可用下式表

示：$f_p = 0.4 + 4.1e^{-0.35t}$

其中f_p 之單位為 *in/hr*，*t* 之單位為 *hr*：

㈠若集水區第 1 小時之降雨強度為 5 *in/hr*，試求第 2 小時開始時之入滲容量？

㈡若集水區第 1 小時之降雨強度為 2 *in/hr*，試求第 2 小時開始時之入滲容量？（85 環工專技）

解答

第 1 小時之入滲容量為

$$f_1 = 0.4 + 4.1e^{-0.35 \times 1} = 3.3 \ in/hr$$

土壤之真實入滲容量則為

$$f(t) = \min\left[f_p(t), i(t)\right]$$

㈠降雨強度（5 *in/hr*）大於入滲容量（3.3 *in/hr*），因此第 2 小時開始時之入滲容量即為 3.3 *in/hr*。

㈡降雨強度（2 *in/hr*）小於入滲容量（3.3 *in/hr*），因此第 2 小時開始時之入滲容量等於降雨強度 2 *in/hr*。 ◆

9

有一流域面積 1.8 *km*²，其上產生 24 *hr* 之暴雨，總觀測雨量為 10 *cm*，*Horton* 之起始入滲容量為 1 *cm/hr* 而終達入滲容量為 0.3 *cm/hr*，*Horton* 曲線之 $k = 5 \ hr^{-1}$，該集水區蒸發皿於 24 *hr* 間水面降低 0.6 *cm*，蒸發皿係數為 0.7，其他損失可以忽視，試求該集水區流出之逕流（*m*³）。（88 水利中央簡任升等考試）

解答

集水區之總入滲量為

$$F = f_c\,t + \frac{(f_0 - f_c)}{k}\left(1 - e^{-kt}\right)$$

$$F_{24} = 0.3 \times 24 + \frac{1 - 0.3}{5}\left(1 - e^{-5 \times 24}\right) = 7.34\ cm$$

蒸發量為

$$E = C_p E_p = 0.7 \times 0.6 = 0.42\ cm$$

有效降雨量為總觀測雨量扣除總入滲量與蒸發量

$$P_e = 10 - 7.34 - 0.42 = 2.24\ cm$$

因此逕流體積為

$$Q = 2.24 \times 1.8 \cdot \frac{10^6}{10^2} = 40320\ m^3 \qquad \blacklozenge$$

10

Green-Ampt 法計算入滲潛能以及累積入滲量與時間關係的公式分別如以下⑴與⑵式，試以 *Green-Ampt* 法計算下表的降雨歷線降落在孔隙率 $\eta = 0.437$、有效孔隙率 $\theta_e = 0.417$、入滲鋒毛隙壓力水頭 $\psi = 4.95\,(cm)$、水力傳導係數 $K = 11.78\,(cm/h)$、與有效飽和度 $S_e = 0.2$ 的砂土，求在開始降雨以後，時間㈠ $t = 10\,min$、㈡ $t = 20\,min$、與㈢ $t = 30\,min$ 時的入滲潛能，以及㈣達到積水（*ponding*）的時間。（83 台大土木）

$$(1)f = K\left(\frac{\psi\Delta\theta}{F} + 1\right)$$

$$(2)F - \psi\Delta\theta\ln\left(1 + \frac{F}{\psi\Delta\theta}\right) = Kt$$

Time (min)	0-10	10-20	20-30
P (cm)	2.15	3.00	2.00

解答

降雨前之土壤含水量可由飽和度求得

$$S = \frac{\theta}{\eta}$$

$$0.2 = \frac{\theta_i}{0.417}$$

$$\therefore \quad \theta_i = 0.083$$

$$\Delta\theta = \theta_e - \theta_i = 0.417 - 0.083 = 0.334$$

$$\psi\Delta\theta = 4.95 \times 0.334 = 1.65 \ cm$$

(一)當 $t = 10 \ min = 1/6 \ hr$ 時，假設累積入滲量為 $F = Kt = 11.78 \times 1/6 = 1.96 \ cm$，以疊代方式求得 F 值

$$F = Kt + \psi\Delta\theta\ln\left(1 + \frac{F}{\psi\Delta\theta}\right)$$

$$F = 1.96 + 1.65\ln\left(1 + \frac{1.96}{1.65}\right) = 3.25 \ cm$$

$$F = 1.96 + 1.65\ln\left(1 + \frac{3.25}{1.65}\right) = 3.76 \ cm$$

...

$$F = 3.99 \ cm$$

由(1)式求得入滲率

$$f = K\left(\frac{\psi\Delta\theta}{F} + 1\right) = 11.78\left(\frac{1.65}{3.99} + 1\right) = 16.65 \ cm/hr$$

(二) 當 $t = 20 \ min = 2/6 \ hr$ 時，假設累積入滲量為 $F = 11.78 \times 2/6 = 3.93 \ cm$，則

$$F = 3.93 + 1.65\ln\left(1 + \frac{3.93}{1.65}\right) = 5.94 \ cm$$

$$F = 3.93 + 1.65\ln\left(1 + \frac{5.94}{1.65}\right) = 6.45 \ cm$$

...

$$F = 6.58 \ cm$$

$$f = 11.78\left(\frac{1.65}{6.58} + 1\right) = 14.73 \ cm/hr$$

㈢當 $t = 30\ min = 3/6\ hr$ 時，假設累積入滲量為 $F = 11.78 \times 3/6 = 5.89\ cm$，則

$$F = 5.89 + 1.65 \ln\left(1 + \frac{5.89}{1.65}\right) = 8.40\ cm$$

$$F = 5.89 + 1.65 \ln\left(1 + \frac{8.40}{1.65}\right) = 8.87\ cm$$

...

$$F = 8.96\ cm$$

$$f = 11.78\left(\frac{1.65}{8.96} + 1\right) = 13.95\ cm/hr$$

㈣將降雨強度與入滲潛能列於下表，由於降雨強度都小於入滲潛能，因此地表並不會發生積水，而實際入滲率即等於降雨強度。

表 5.10

(1) Time(min)	0-10	10-20	20-30
(2) $i\ (cm/hr)$	2.15	3.00	2.00
(3) $f(cm/hr)$	16.65	14.73	13.95

11

某小集水區發生如下表之降雨事件，該集水區之平均曲線值 CN 為 80，並假設初期扣除（ Initial abstraction ） I_a 與最大滯留潛量（ Potential maximum retention ） S 滿足 $I_a = 0.2S$ 之關係。計算㈠地表開始出現逕流之時間，㈡地表開始出現逕流後各小時之入滲率為若干（ mm/hr ）？[假設地表開始出現逕流後之降雨損失全為入滲]（ 87 台大農工）

時間 (hr)	0-1	1-2	2-3	3-4	4-5	5-6	6-7
降雨量 (mm)	5.08	17.78	9.40	26.42	59.44	16.26	1.78

解答

表中第(1)與第(2)欄位為已知，其餘欄位可依下述步驟分析：

表 5.11

(1)	(2)	(3)	(4)	(5)	(6)	(7)
t	i	P	I_a	F	f	P_e
(hr)	(mm/hr)	(mm)	(mm)	(mm)	(mm/hr)	(mm)
0-1	5.08	5.08	5.08	0	0	0
1-2	17.78	22.86	12.7	8.76	8.76	1.40
2-3	9.40	32.26	12.7	14.95	6.19	4.61
3-4	26.42	58.68	12.7	26.67	11.72	19.31
4-5	59.44	118.12	12.7	39.63	12.96	65.79
5-6	16.26	134.38	12.7	41.73	2.10	79.95
6-7	1.78	136.16	12.7	41.93	0.20	81.53

1. 第(3)欄位為累積雨量；

2. 第(4)欄位為初期扣除。先計算最大滯留潛量為

$$S = 2.54\left(\frac{1000}{CN} - 10\right) = 2.54\left(\frac{1000}{80} - 10\right) = 6.35 \ cm = 63.5 \ mm$$

因此初期扣除應累積至

$$I_a = 0.2S = 0.2 \times 63.5 = 12.7 \ mm ；$$

3. 第(5)欄位為該集水區之累積入滲量。計算式為

$$F = \frac{S(P - 0.2S)}{P + 0.8S} = \frac{63.5(P - 12.7)}{P + 50.8} ；$$

4. 第(6)欄位為入滲率。由累積入滲量之差值求得；

5. 第(7)欄位為累積有效雨量。計算式為

$$P_e = P - I_a - F ;$$

地表開始出現逕流是在有效雨量大於 0 之後，由表中之計算結果得知該時間為 $t = 1$ *hr*。 ◆

12

假設台灣北部某一集水區 20 英畝之草地（其土壤為深層黃土且其曲線號碼[*Curve number, CN*]為 60）、30 英畝台地（其土壤為淺層壤土並種植水稻且其 *CN* 為 70）及 50 英畝之森林地（具中等水文條件且其 *CN* 為 80）。

今發生一場暴雨如下：

時間 (*hr*)	降雨量 (*inch*)
0	
	0.1
2	
	0.5
4	
	3.5
6	
	2.0
8	
	1.0
10	
	0.6
12	

試推求有效降雨組體圖 (*Effective rainfall hyetograph*)。（86 水利高考三級）

註：$S = 1000/CN - 10$

$P_e = (P - 0.2S)^2/(P + 0.8S)$

解答

表中第(1)與第(2)欄位為已知，其餘欄位之分析步驟如下所述：

表 5.12

(1) t (hr)	(2) i (in)	(3) P (in)	(4) S (in)	(5) P_e (in)	(6) effective rainfall hyetograph (in)
0-2	0.1	0.1	0.1	0	0
2-4	0.5	0.6	0.6	0	0
4-6	3.5	4.1	3.7	1.599	1.599
6-8	2.0	6.1	3.7	3.171	1.572
8-10	1.0	7.1	3.7	4.021	0.850
10-12	0.6	7.7	3.7	4.544	0.523

1. 第(3)欄位為累積雨量；

2. 第(4)欄位為地表最大蓄水量。計算該集水區之平均 *CN* 值為

$$CN = \frac{20 \times 60 + 30 \times 70 + 50 \times 80}{20 + 30 + 50} = 73$$

因此地表最大蓄水量應累積至

$$S = \frac{1000}{CN} - 10 = \frac{1000}{73} - 10 = 3.7 \ inch\ ；$$

3. 第(5)欄位為累積有效雨量。計算式為

$$P_e = \frac{(P - 0.2S)^2}{(P + 0.8S)} = \frac{(P - 0.2 \times 3.7)^2}{(P + 0.8 \times 3.7)} = \frac{(P - 0.74)^2}{(P + 2.96)}$$

此欄位數值必發生在累積雨量大於地表最大蓄水量之後，因此在 $t = 4$ hr 之前其值均為 0；

4. 累積有效雨量之差值即為有效降雨組體圖，列於表中第(6)欄位。

◆

13

某山坡地開發案開發前植被、土壤和對應的 CN 值如下表，開發後的土地利用狀況和對應的 CN 值亦列於下表中，請利用 SCS 法計算，回答以下問題。（SCS 法的基本公式如下）

$$S = \frac{1000}{CN} - 10 \qquad I_a = 0.2S \qquad P = P_e + I_a + F_a \qquad P_e = \frac{(P - I_a)^2}{P - I_a + S}$$

開發前				
土地利用	林地		牧場	
土壤種類	A	B	A	B
Curve Number	30	55	40	65
面積百分比	30	20	20	30
開發後				
土地利用	商業區	住宅	道路	綠地	林地
Curve Number	90	80	98	50	40
面積百分比	15	45	15	15	10

㈠ 該區域 3 小時延時、25 年回歸期距的累積降雨量為 142 mm，請計算因為社區開發（都市化效應）使逕流降雨量（excess rainfall）比開發前多了多少 mm？

㈡以上降雨事件的設計雨型（時間分佈）如下表，利用 SCS 法計算開發後、每半個小時的逕流降雨量歷線。（89 台大土木）

Time (hr)	0-0.5	0.5-1	1-1.5	1.5-2	2-2.5	2.5-3
Rainfall (mm)	15	24	40	32	19	12

解答

㈠開發前之平均 CN 值為

$$CN = 30 \times 0.3 + 55 \times 0.2 + 40 \times 0.2 + 65 \times 0.3 = 47.5$$

地表最大蓄水量與逕流降雨量則分別為

$$S = 2.54\left(\frac{1000}{CN} - 10\right)$$

$$= 2.54\left(\frac{1000}{47.5} - 10\right) = 28.07 \ cm = 280.7 \ mm$$

$$I_a = 0.2S = 0.2 \times 280.7 = 56.1 \ mm$$

$$P_e = \frac{(P - I_a)^2}{P - I_a + S}$$

$$= \frac{(142 - 56.1)^2}{142 - 56.1 + 280.7} = 20.1 \ mm$$

開發後之平均 CN 值為

$$CN = 90 \times 0.15 + 80 \times 0.45 + 98 \times 0.15 + 50 \times 0.15 + 40 \times 0.1 = 75.7$$

地表最大蓄水量與逕流降雨量則分別為

$$S = 2.54\left(\frac{1000}{75.7} - 10\right) = 8.15 \ cm = 81.5 \ mm$$

$$I_a = 0.2 \times 81.5 = 16.3 \ mm$$

$$P_e = \frac{(142 - 16.3)^2}{142 - 16.3 + 81.5} = 76.3 \ mm$$

所以開發後之逕流降雨量比開發前多了

$$76.3 - 20.1 = 56.2 \ mm \ 。$$

㈡表中第(1)與第(2)欄位為已知，其餘欄位之分析如下所述：

表 5.13

(1) t (hr)	(2) i (mm)	(3) P (mm)	(4) I_a (mm)	(5) P_e (mm)	(6) excess rainfall hyetograph (mm)
0-0.5	15	15	15	0	0
0.5-1.0	24	39	16.3	4.9	4.9
1.0-1.5	40	79	16.3	27.3	22.4
1.5-2.0	32	111	16.3	50.9	23.6
2.0-2.5	19	130	16.3	66.2	15.3
2.5-3.0	12	142	16.3	76.3	10.1

1. 第(3)欄位為累積雨量；
2. 第(4)欄位為初期損失量。累積至 16.3 *mm* 為止；
3. 第(5)欄位為累積有效雨量。計算式為

$$P_e = \frac{(P - 16.3)^2}{P - 16.3 + 81.5}$$

此欄位數值必發生在累積雨量大於初期降雨損失量之後，因此在時刻 0～0.5 *hr* 之間為 0；

4. 累積有效雨量之差值即為逕流降雨量歷線，列於表中第(6)欄位。

14

入滲指數有哪些種類，試說明之。（85 水保專技）

解答

入滲指數是假設在整個暴雨延時內的入滲率始終保持為定值，因此入滲指數會低估降雨初期之入滲率，而高估降雨末期之平衡入滲率。

於實務上最常使用的入滲指數為 ϕ 指數，其定義為降雨率扣除固定入滲率後即為實際發生之逕流體積（或深度），一般以試誤法進行計算。

另一廣泛使用的入滲指數為 W 指數，不同於 ϕ 指數之處是計算中考慮截留損失與地表窪蓄水深，故 W 指數以公式表示為

$$W = \frac{P - Q - R}{t_f}$$

式中 P 為降雨深度；Q 為逕流水深；R 為截留損失與地表窪蓄水深之和；t_f 為降雨延時內降雨強度大於 W 指數之總時數。

W_{min} 指數則是極為濕潤情況下之 W 指數，一般都是選取連續暴雨末期的數據資料來估算，常用以推求最大洪水情況。因此 W_{min} 指數近似於平衡入滲率之空間上的平均值，所以在土壤極為濕潤的情況下，W_{min} 指數與 ϕ 指數幾乎相同。　　　◆

15

某一區域某次降雨之資料如下：

時間 (*hour*)	1	2	3	4	5
降雨強度 (*mm/hr*)	4	14	18	30	30

已知平均逕流水深為 *38 mm*，試估平均入滲指數值 (*Infiltration index*)。
（*84* 水利乙等特考）

解答

以試誤法求解，已知平均逕流水深為 *38 mm*，所以降雨扣除 ϕ 指數後之超量降雨總量應等於 *38 mm*，第一次假設 $\phi = 10$ *mm/hr*，則超量降雨總量為

$$(14-10)+(18-10)+(30-10)+(30-10)=52 \ mm \quad 不合；$$

第二次假設 $\phi = 13$ *mm/hr*，則超量降雨總量為

$$(14-13)+(18-13)+(30-13)+(30-13)=40 \ mm \quad 不合；$$

第三次假設 $\phi = 13.5$ *mm/hr*，則超量降雨總量為

$$(14-13.5)+(18-13.5)+(30-13.5)+(30-13.5)=38 \ mm$$

符合；

所以正確的 ϕ 指數為 *13.5 mm/hr*。

　　另一種較為快速的計算方法是繪製降雨組體圖，在 *18 mm/hr*～ *30 mm/hr* 間之面積為 $2(30-18)=24 \ mm$，遠小於 *38 mm*；若加上 *14 mm/hr*～*18 mm/hr* 間之面積為 $2(30-18)+3(18-14)=36 \ mm$，仍小於 *38 mm*；因此 ϕ 值應在 *4 mm/hr*～*14 mm/hr* 之間，為

$$2(30-18)+3(18-14)+4(14-\phi)=38$$

$$\therefore \quad \phi = 13.5 \ mm/hr$$

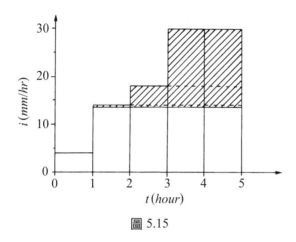

圖 5.15

◆

16

某集水區面積 $200\ km^2$，由下列降雨所形成之直接逕流體積為
$1.00 \times 10^7 m^3$，

時間 (hr)	0	2	4	6	8	10	12
累積雨量 (mm)	0	4	12	42	64	78	80

㈠試求超滲降雨；

㈡試求 ϕ 入滲指數；

㈢試繪雨量圖並標示 ϕ 入滲指數；

㈣試述影響入滲之因素。（84 水保專技）

解答

　　㈠超滲降雨為

$$P_e = \frac{1 \times 10^7}{200 \times 10^6} \cdot 1000 = 50\ mm$$

㈡觀察降雨組體圖得知 ϕ 值介於 2 mm/hr ~ 4 mm/hr 之間，因此

$$2(15-11)+4(11-7)+6(7-4)+8(4-\phi)=50$$

$$\therefore \quad \phi=3 \ mm/hr$$

㈢降雨組體圖如下

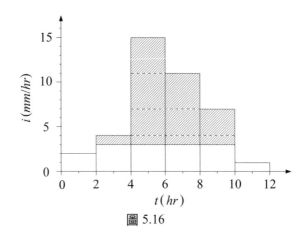

圖 5.16

㈣入滲是指水份由土壤表面進入土壤內之過程。影響水份入滲的因素包括土壤特性、土壤起始水份含量、土壤表面水份供給情況、地表覆蓋形態、溫度以及水質等。 ◆

17

某集水區上一場延時為 3 小時之暴雨記錄如下表：

t（小時）	0.5	1.0	1.5	2.0	2.5	3.0
i（mm/hr）	10.0	15.2	9.5	13.5	10.0	8.0

㈠請繪出其雨量圖（ *Hyetograph* ）。

若已知有效降雨量為 21.1 *mm* 請推估集水區之 Φ 入滲指數。

㈡若已知直接逕流量為 117.2 *cms* − *hr*，請問集水區面積為多少平方公里？（82 水保專技）

解答

㈠該集水區之降雨組體圖如下

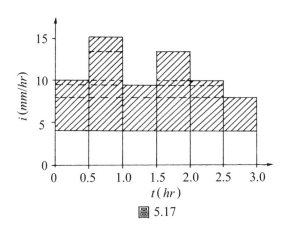

圖 5.17

觀察得知 ϕ 值小於 8 *mm/hr*，因此入滲指數為

$$0.5[(15.2 - 13.5) + 2(13.5 - 10) + 4(10 - 9.5) + 5(9.5 - 8) + 6(8 - \phi)]$$

$$= 21.1$$

$$\therefore \quad \phi = 4 \ mm/hr$$

㈡集水區面積為

$$A = \frac{117.2 \times 3600}{21.1} \cdot \frac{10^3}{10^6} = 20 \ km^2 \qquad \blacklozenge$$

18

茲有一集水區面積 27 平方公里，於延時 4 小時之二場連續之降雨分

別為 3.8 公分以及 2.8 公分，其於集水區出水站之水文資料如下，試求超滲降水量及 ϕ 指數。（86 中原土木）

距開始下雨時間(H)	-6	0	6	12	18	24	30	36	42	48	54	60	66
觀察流量 (m^3/s)	6	5	13	26	21	16	12	9	7	5	5	4.5	4.5

解答

假設基流量為 5 m^3/s，則直接逕流量為

表 5.18

(1)距開始下雨時間(H)	-6	0	6	12	18	24	30	36	42	48	54	60	66
(2)直接逕流量 (m^3/s)	0	0	8	21	16	11	7	4	2	0	0	0	0

總直接逕流量為

$$DR = (8+21+16+11+7+4+2) \times 6 = 414 \ m^3/s$$

因此超滲降水量為

$$P_e = \frac{414 \times 3600}{27 \times 10^6} \cdot 100 = 5.52 \ cm$$

入滲指數則為

$$2(3.8 - 2.8) + 4(2.8 - \phi) = 5.52$$
$$\therefore \quad \phi = 1.92 \ cm/hr$$

◆

19

某流域面積為 210 km^2，某次暴雨所形成之直接逕流體積為 $1.89 \times 10^7 m^3$，該次暴雨之雨量資料如下表。求其平均入滲指數 Φ。（85 屏科大土木）

時間 (*hr*)	6-9	9-12	12-15	15-18	18-21	21-24
降雨量 (*mm*)	18.0	53.0	24.5	14.0	9.5	3.0

解答

以試誤法計算入滲指數，表中第(1)與第(2)欄位為已知，其餘欄位之分析步驟如下：

表 5.19

(1)	(2)	(3)			
t	*P*	P_e			
(*hr*)	(*mm*)	(*mm*)			
		$\phi = 1.5\ mm/hr$	$\phi = 2.0\ mm/hr$	$\phi = 1.9\ mm/hr$	$\phi = 1.93\ mm/hr$
6-9	18.0	13.5	12.0	12.3	12.21
9-12	53.0	48.5	47.0	47.3	47.21
12-15	24.5	20.0	18.5	18.8	18.71
15-18	14.0	9.5	8.0	8.3	8.21
18-21	9.5	5.0	3.5	3.8	3.71
21-24	3.0	0	0	0	0
total	122 *mm*	96.5 *mm*	89 *mm*	90.5 *mm*	90.05 *mm*

1. 超量降雨總量為

$$P_e = \frac{1.89 \times 10^7}{210 \times 10^6} \cdot 1000 = 90\ mm$$

2. 表中第(3)欄位為不同 ϕ 值所計算得知的超量降雨總量。首先假設 $\phi = 1.5\ mm/hr$，則每 3 個小時之入滲量為 $1.5 \times 3 = 4.5\ mm$，因此在

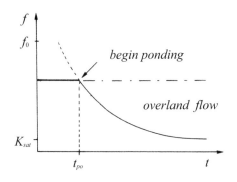

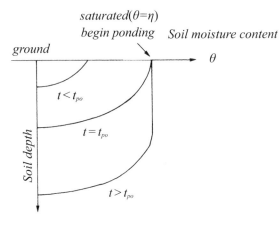

圖 5.21

22

何謂 *Ponding Time* t_p？若以 *Horton's* 或 *Philip's* 公式為入滲控制方程式，在降雨強度為常數的條件下，t_p 如何推求？（87 逢甲土木及水利）

解答

　　積水發生時間為降雨開始至地表發生積水所需之時間，此時間亦即是地表產生漫地流之時刻。假設均勻降雨強度 i，且在地表發生積

水之前的降雨全部入滲，茲推導三種入滲公式之積水發生時間如下：

1. 荷頓入滲公式：荷頓入滲公式表示為

$$f = f_c + (f_0 - f_c)e^{-kt}$$

重新排列得到時間 t 為

$$t = \frac{1}{k} \ln\left(\frac{f_0 - f_c}{f - f_c}\right)$$

而累積入滲量表示為

$$F(t) = f_c t + \frac{f_0 - f_c}{k}(1 - e^{-kt})$$

將 t 代入上式得

$$F = \frac{f_c}{k} \ln\left(\frac{f_0 - f_c}{f - f_c}\right) + \frac{f_0 - f}{k}$$

由降雨初期至積水發生時間 t_{po} 之累積入滲量 $F_p = it_{po}$，且此時之入滲率 $f = i$，再將這兩個條件代入上式可得

$$it_{po} = \frac{f_c}{k} \ln\left(\frac{f_0 - f_c}{i - f_c}\right) + \frac{f_0 - i}{k}$$

$$t_{po} = \frac{1}{ik}\left[(f_0 - i) + f_c \ln\left(\frac{f_0 - f_c}{i - f_c}\right)\right]$$

2. 菲利普入滲公式：菲利普入滲公式表示為

$$f = \frac{1}{2} s t^{-\frac{1}{2}} + k$$

重新排列得時間 t

$$t = \frac{s^2}{4(f - k)^2}$$

將 t 代入累積入滲量公式

$$F = st^{\frac{1}{2}} + kt = \frac{s^2}{2(f-k)} + \frac{ks^2}{4(f-k)^2}$$

同理，再將 $F_p = it_{po}$ 與 $f = i$ 兩個條件代入上式

$$it_{po} = \frac{s^2}{2(i-k)} + \frac{ks^2}{4(i-k)^2}$$

$$t_{po} = \frac{s^2\left(i - \frac{k}{2}\right)}{2i(i-k)^2}$$

3.格林-安普入滲公式：格林-安普入滲公式表示為

$$f = k\left(\frac{\psi\Delta\theta}{F} + 1\right)$$

將 $F_p = it_{po}$ 與 $f = i$ 兩個條件代入上式得到

$$i = k\left(\frac{\psi\Delta\theta}{it_{po}} + 1\right)$$

$$t_{po} = \frac{k\psi\Delta\theta}{i(i-k)}$$

荷頓公式須在 $i > f_c$ 情況下，地表方能形成積水，積水發生時間如上述公式所示；如果為 $i > f_0$ 情況，則地表立即發生積水，所以 $t_{po} = 0$。而菲利普公式與格林-安普公式均只有在 $i > k$ 情況下，t_{po} 才為正值；若降雨強度小於或等於土壤水力傳導度 k，則永遠不會產生地表積水現象。當微小降雨落在高滲透性土壤的情況下，往往符合 $i < k$ 條件；此時集水區之渠流主要是由地表下水流匯入河川形成，而非以地表逕流方式形成。 ◆

23

試述使用 *Horton* 入滲公式之限制？若無法滿足此限制時，應如何校正？試說明校正之步驟。（88 海大河工）

解答

荷頓入滲公式是描述地表產生積水情況下之土壤水份入滲率，因此我們將利用此公式所計算出之單位時間入滲水量，稱為勢能入滲能力$f_p(t)$。可想而知的，若是t時刻的降雨強度$i(t)$小於利用入滲公式所得的$f_p(t)$，則當時的土壤入滲率$f(t)$應等於$i(t)$，而非等於$f_p(t)$。所以當考慮時變性降雨時，土壤入滲率應表示為

$$f(t) = \min[f_p(t), i(t)]$$

上式表示t時刻之入滲率$f(t)$應為入滲公式計算所得之入滲能力$f_p(t)$與降雨強度$i(t)$，兩者中之較小者。

由於t時刻之入滲能力$f_p(t)$隨累積入滲量$F(t)$之增加而漸減，因此若能計算在未產生地表積水前之累積入滲量，即可推求出地表積水發生時刻所相對應之$f_p(t)$。理論公式之修正步驟如下：

1. 尋找降雨強度開始大於入滲容量之時刻t_{po}，計算積水發生時間之前實際的累積入滲量F；
2. 藉由實際的累積入滲量F計算相對應之入滲能力f_p；
3. 再計算水份充分供給情況下，入滲能力f_p所對應的修正時間t'；
4. 真實情況下之土壤入滲率應納入平移時間，成為

$$f_{act} = f_c + (f_0 - f_c)e^{-k(t - t_{po} + t')};$$

5. 積水發生時間以前的土壤入滲率等於降雨強度$i(t)$；而積水發生時間以後的土壤入滲率則為校正後之勢能入滲能力f_{act}。　◆

24

已知某集水區之小時雨量如下表所示。又在降雨前之土壤水份條件時，土壤之入滲容量（ *infiltration capacity* ）可用$f = 0.4 + 4.1\exp(-0.35t)$表示，其中$f$與$t$之單位分別為$cm/hr$和$hr$，試求該場降雨的實際入滲曲線，並於降雨組體中繪出此曲線。（88 台大土木）

時間 (hr)	1	2	3	4	5
降雨強度 (cm/hr)	2.0	4.5	3.0	1.5	0.5

解答

表中第(1)與第(2)欄位為已知，其餘欄位之分析步驟如下：

表 5.24

(1) T (hr)	(2) i (cm/hr)	(3) f (cm/hr)	(4) F (cm)	(5) f' (cm/hr)	(6) f_{act} (cm/hr)
0	0	4.5	0	5.4	0
1	2.0	3.3	3.9	3.9	2.0
2	4.5	2.4	6.7	2.9	2.9
3	3.0	1.8	8.8	2.1	2.1
4	1.5	1.4	10.4	1.6	1.5
5	0.5	1.1	11.7	1.3	0.5

1. 第(3)欄位為土壤之入滲容量。計算式為

$$f = 0.4 + 4.1e^{-0.35t} \; ;$$

2. 第(4)欄位為累積入滲量。計算式為

$$F = 0.4t + \frac{4.1}{0.35}(1 - e^{-0.35t}) \; ;$$

3. 降雨強度在第 2 小時開始大於入滲容量，因此設定積水發生時間 $t_{po} = 1 \, hr$，此時實際之累積入滲量為

$$F_{po} = 2.0 \times 1 = 2.0 \, cm$$

利用表中第(3)與第(4)欄位，內插 F_{po} 所對應之實際入滲率

$$f_{po} = 4.5 + (3.3 - 4.5) \times \frac{2.0 - 0}{3.9 - 0} = 3.9 \ cm/hr \ ;$$

4. 計算 f_{po} 所對應的修正時間 $t\,'$

$$3.9 = 0.4 + 4.1e^{-0.35t\,'}$$

$$t\,' = 0.45 \ hr \ ;$$

5. 第(5)欄位即為修正後之入滲曲線，計算式為

$$f\,' = f_c + (f_0 - f_c)e^{-k(t - t_{po} + t\,')}$$

$$f\,' = 0.4 + 4.1e^{-0.35(t - 0.55)} \ ;$$

6. 第(6)欄位為真實入滲率。當降雨強度大於修正入滲曲線時，入滲
   率等於修正入滲率；當降雨強度小於修正入滲曲線時，入滲率等
   於降雨強度。

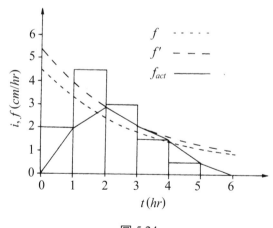

圖 5.24

地下水與水井力學

1

解釋名詞

(1)微水層 (*aquiclude*)。（81 環工專技）

(2)滲透係數 (*coefficient of permeability*)。（84 水利中央簡任升等考試）

(3)比出水量 (*specific yield*)。（88 水利中央簡任升等考試）

(4)蓄水係數 (*coefficient of storage*)。（86 屏科大土木，84 水利中央簡任升等考試）

(5)流通係數 (*coefficient of transmissivity*)。（85 屏科大土木，84 水利高考二級）

(6)洩壓圓錐 (*cone of depression*)。（83 水利檢覈）

解答

(1)微水層：是指含水層雖有孔隙蘊涵水量，但其滲透性極低，水份之傳輸甚為緩慢，無法加以開發利用；如黏土層、頁岩等。

(2)滲透係數：即為水力傳導度，其意義為單位水頭壓力下，水流經多孔介質之速率。此係數在土壤水份飽和情況下為一常數，在非飽和情況則與土壤水份含量有關。

(3)比出水量：為含水層以重力方式所排出之水量，相對於含水層體積之比值。

(4)蓄水係數：是指壓力水頭下降一單位高度時，單位體積含水層內所釋出水之體積。此值在非限制含水層內與比出水量十分接近，蓄水係數範圍在 0.1～0.3 之間，平均值為 0.2；至於大多數限制含水層的蓄水係數範圍則約在 10^{-5}～10^{-3} 之間。

(5)流通係數：含水層在單位水力坡降下，水份通過單位水層寬度之流量，用以顯示含水層中地下水的輸送能力。若含水層為均質，則流通係數為水力傳導度與含水層中飽和部分厚度之乘積，其因

次為 $[L^2 / T]$。

(6)洩壓圓錐：當水井抽水時，水井四周之地下水位或地下水壓面會因而下降，形成以井為中心輻射狀擴張的洩降錐面，此洩壓圓錐大小受抽水量以及抽水時間之影響。　　　　　　　　　◆

2

分別比較黏土、粗砂及礫石三種介質之孔隙率 (*Porosity*)、比出水量 (*Specific yield*) 與比保水量 (*Specific retention*) 之大小關係，並說明何以如此？（88 中原土木）

解答

孔隙率為土壤孔隙體積佔其總體積之比值，影響因子有：土壤顆粒大小與形狀、排列方式與壓密度、膠結作用以及沖蝕狀況等，土壤中之含水量，其理論範圍自 0（完全乾燥）至等於土壤孔隙率（飽和）。比出水量則是指單位含水層內，經由重力方式所能排出之水量，此值用以量度含水層可提供之地下水量。比保水量則代表單位含水層體積內，重力排水後仍保留於土壤中之水份體積，可表示為

$$S_r = \eta - S_y$$

式中 η 為土壤孔隙率；S_y 為比出水量。

黏土 (*clay*) 為片狀雲母與黏土礦物等所組成的細微顆粒，其粒徑小於 $0.002\ mm$，工程上常作為不透水材料。砂 (*sand*) 為石英與長石等礦物所組成的小顆粒，其粒徑約在 $0.02\ mm \sim 2\ mm$ 之間。礫石 (*gravel*) 即為岩石碎粒，其粒徑大於 $2\ mm$。黏土顆粒因靜電力作用而呈現鬆散結構，所以其孔隙率較緊密結構之粗砂為高，但是其水流流通率甚低，因此比出水量亦甚低。這三種土壤介質特性可由下表之平均近似值看出其差異。

表 6.2

	孔隙率 (%)	比出水量 (%)	比保水量 (%)	滲透性 (m/day)
黏土	45	3	42	0.0004
粗砂	35	25	10	41
礫石	25	22	3	4,100

3

地表下的水流流動，於地下水位以上與以下的兩個部分有何流動機制上（如驅動力、公式、影響因子等）的不同？（86 逢甲土木及水利）

解答

土壤內水流速度非常小，故流速水頭可予以忽略，應用 *Bernoulli* 方程式可將達西公式表示為

$$V = -K(\theta)\frac{dh}{dl} = -K(\theta)\frac{d}{dl}(z + \frac{p}{\gamma_w})$$

式中 $K(\theta)$ 為水力傳導度；θ 為土壤含水量；h 為水頭；l 為水流方向；z 與 p/γ_w 分別代表高程與壓力水頭；γ_w 為水的比重。影響流速之因子有：高程水頭、壓力水頭、土壤特性（粒徑與孔隙率等）、流體特性（水質與黏滯性等）、土壤水份含量以及溫度等。

在地下水位以上的水流流動屬於淺層土壤水份移動，不飽和情況下之驅動力為高程水頭與壓力水頭。水份之連續方程式可表示為

$$\frac{\partial \theta}{\partial t} + \frac{\partial V}{\partial l} = 0$$

若假設 $K(\theta)$ 以及土壤水份擴散度 $D(\theta) = K(\theta)\left[\frac{d}{d\theta}\left(\frac{p}{\gamma_w}\right)\right]$ 分別為常數 K 與 D，則可配合達西公式求得擴散方程式

$$\frac{\partial \theta}{\partial t} - D \frac{\partial^2 \theta}{\partial l^2} = 0$$

在地下水位以下的水流流動即為地下水流動，飽和情況下之驅動力僅有高程水頭。水份之連續方程式可表示為

$$S \frac{\partial h}{\partial t} + \frac{\partial q}{\partial l} = 0$$

式中 S 為蓄水係數；q 為單位寬度之滲流流量。在均質等向的限制含水層中，同樣可配合達西公式，導出定量流情況下的拉普拉斯公式

$$\nabla^2 h = 0$$

而在均質等向的非限制含水層中，定量流情況下的水流移動方程式則為

$$\nabla^2 h^2 = - \frac{2R}{K}$$

式中 R 為地下水補注量。 ◆

4

某一區域內之地下水位等水位圖如下圖所示，請在圖上標明入滲河川、出滲河川、抽水區及補注區。（82 水保專技）

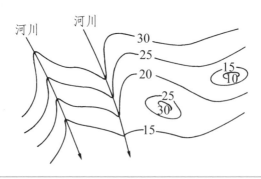

解答

入流河是指水流經由河槽底部滲漏至地下水體中之河川,其水位高於鄰近之地下水位;出流河則是指水源來自地下含水層之河川,其水位低於鄰近之地下水位。地下水位等水位圖與等高線地形圖特性相同,於地形圖中,呈∨形分佈者代表山脊或集水區邊界,呈∧形分佈者則屬於山溝或河川。因此在等水位圖中,∨形分佈者為入流河,而∧形分佈者則為出流河;地形圖中封閉形態之等高線,內圈較高者為山峰而較低者為山谷,故對應在等水位圖中,則分別為補注區以及抽水區。

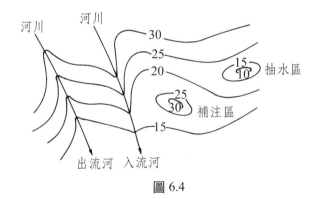

圖 6.4

5

㈠計算地下水流動之達西定律 (*Darcy's Law*) 其中 K（*Hydraulic Conductivity* 滲透係數）的單位為何？T（*Transmissivity* 流通係數）的單位為何？

㈡達西速度與實際水流速度之分別為何？吾人預估污染物之傳輸時是否應採用達西速度？請簡答之（請先說明達西速度之意義）。（87 中央土木）

解答

(一)達西定律說明流經飽和土壤的流率為土壤特性與單位距離水頭差之函數，表示為

$$V = -K\frac{\Delta h}{L}$$

式中 K 為水力傳導度；Δh 為兩點間之水頭差；L 為兩點間之流徑長度；式中負號表示水流是由水頭較高處往水頭較低的方向流動。水力傳導度 K 表示多孔介質之滲透速度，其物理意義為單位水頭壓力下，水流流經多孔介質之速率 $[L/T]$。流通係數 T 或稱為流通度，工程上用以表示含水層中地下水的輸送能力 $[L^2/T]$，定義為

$$T = bK$$

式中 b 為含水層厚度。

(二)達西速度為水流經過整個砂柱橫斷面的平均流速，然而真實水流只在砂粒孔隙間流動，故滲流速度 V_s 等於 V 除以孔隙率 η

$$V_s = \frac{V}{\eta}$$

因此，真實的滲流速度 V_s 應高出斷面平均速度 V 甚多，所以預估污染物之傳輸時，需採用滲流速度。　　　　　　　　　　◆

6
───────────────────────────────────

某一現地實驗發現，從 A 井施放追蹤劑 (*Tracer*)，10 小時後在 B 井監測到該追蹤劑。A、B 兩井間距 60 公尺，地下水位差 0.6 公尺，該地區之土壤孔隙率 0.3，試求水力傳導係數 (*Hydraulic conductivity*)。
（85 水利高考三級）

解答

地下水流動時間為

$$\Delta t = \frac{L}{V_s} = \frac{L}{\dfrac{V}{\eta}} = \frac{L}{\dfrac{1}{\eta}\left(K\dfrac{\Delta h}{L}\right)}$$

$$K = \frac{\eta L^2}{\Delta t \Delta h}$$

$$= \frac{0.3 \times 60^2}{10 \times 0.6} \cdot \frac{1}{3600} = 0.05 \ m/s \qquad \blacklozenge$$

1

解答下列問題：

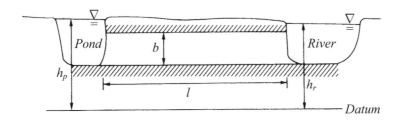

(一)如上圖所示介於水塘與河川間有一厚度 $b = 10\ m$，長度 $l = 3\ km$，孔隙率 $p = 0.3$，通水係數 $T = 0.1\ m^2/sec$，水塘水位 $h_p = 301\ m$，河川水位 $h_r = 300\ m$ 之拘限含水層，若某化學工廠傾倒水溶性廢液於水塘中，試問經過多久時間在河川中將發現該廢液？

提示： $V_{act} = Q/pA = V/p$

(二)假定你為水利單位官員，當上級主管詢及某一平均面積及厚度分別為 $60\ Km^2$ 及 $36\ m$ 之飽和自由含水層可供使用之地下水蘊藏量有若干時，你該如何應對？單憑以上數據是否足夠？尚缺什麼資料？若尚缺資料試自行假設之，並回答該問題！（88 成大水利）

解答

(一)由通水係數求算水力傳導度

$$T = Kb$$
$$0.1 = K \times 10$$
$$\therefore \quad K = 0.01 \ m/s$$

地下水流動時間為

$$t = \frac{L}{V_s} = \frac{\eta L^2}{K \Delta h}$$
$$= \frac{0.3 \times 3000^2}{0.01 \, (301 - 300)} = 270000000 \ s = 3125 \ day$$

(二)已知面積 $A = 60 \ km^2$ 以及厚度 $b = 36 \ m$ 之飽和自由含水層，因缺乏比出水量而無法判定該地區可供使用的地下水蘊藏量。假設含水層之比出水量為 2×10^{-3}，則可抽取使用之地下水量為

$$V_w = SV$$
$$= 2 \times 10^{-3} \times 60 \times 10^6 \times 36 = 4320000 \ m^3$$ ◆

8

如下圖所示，有三個井 (A, B, C)，自同一個含水層抽水，A 與 B 井之距離為 $1200 \ m$，B 與 C 井之距離為 $1000 \ m$，B 井位於 A 井之正南方，C 井在 B 井之正西方。以下並列出三個井之地面高程及三個井之地下水位深度 (*Depth of water table below the ground surface*)。試求此含水層地下水流之方向。（84 水利檢覈）

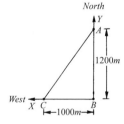

井	地面高程 (*m above datum*)	地下水位深度 (*m*)
A	200	11
B	197	7
C	202	14

解答

各井之地下水位高程分別為

$$A = 200 - 11 = 189 \ m$$
$$B = 197 - 7 = 190 \ m$$
$$C = 202 - 14 = 188 \ m$$

因為 B 點地下水位最高，故水流往西北方向移動，X 與 Y 方向之地下水位坡降分別為

$$\left(\frac{\Delta h}{\Delta L}\right)_{BC} = \frac{188 - 190}{1000} = \frac{-1}{500}$$
$$\left(\frac{\Delta h}{\Delta L}\right)_{BA} = \frac{189 - 190}{1200} = \frac{-1}{1200}$$

若地層具有均質等向性，則可假設水力傳導度相等，所以

$$V = -K\frac{\Delta h}{\Delta L}$$
$$V_{BC} = -K \times \frac{-1}{500} = \frac{K}{500}$$
$$V_{BA} = -K \times \frac{-1}{1200} = \frac{K}{1200}$$

因此，地下水流方向與 X 軸之夾角為

$$\theta = \tan^{-1}\frac{V_{BA}}{V_{BC}} = \tan^{-1}\frac{500}{1200} = 22.62°$$

◆

9

Dupuit 公式之假設條件為何？（89 水利檢覈）

解答

以 *Dupuit* 拋物線方程式描述均質等向之非限制含水層中，定量流情況下 x 處之滲流水面水位 h 為

$$h^2 = h_0^2 + \frac{(h_L^2 - h_0^2)}{L}x + \frac{Rx}{K}(L-x)$$

式中 h_0 與 h_L 分別為 $x=0$ 與 $x=L$ 處之自由水位。而 *Dupuit* 方程式則用以表示滲流量 q 為

$$q = \frac{K}{2L}(h_0^2 - h_L^2) + R\left(x - \frac{L}{2}\right)$$

Dupuit 公式之假設條件為：

1. 滲流水面線之坡降極小，因此可忽略垂直方向上的水流分量，故 $V_z = 0$ 以及 $\partial V_x / \partial z = \partial V_y / \partial z = 0$。

2. 因滲流水面線可視為水平，所以等勢線可視為垂直方向。

3. 滲流水面線之坡降與水力梯度相等。　　　　　　　　　　◆

10

東西兩湖之間由一寬度為 $600\ m$ 之狹長砂堤隔開，如圖示。東湖、西湖水深各為 $10\ m$ 與 $15\ m$，砂堤之滲透係數 K 值為 $5\ m/day$，且湖底與砂堤基礎皆為不透水層。今為了維持砂堤上的植生，固定以 $5\ mm/day$ 的水量灌溉。在不考慮蒸發散的情況下，試求：

㈠流入西湖之流量（$m^3/day/m\ width$）。

㈡流入東湖之流量（$m^3/day/m\ width$）。

㈢在砂堤中的地下水位線之最高點之位置與高度。（88 水利高考三級）

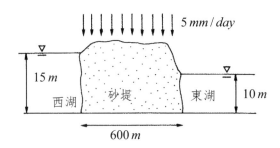

解答

利用 *Dupuit* 方程式求解

(一)流入西湖之流量 ($x = 0\ m$)

$$q = \frac{K}{2L}(h_0^2 - h_L^2) + R\left(x - \frac{L}{2}\right)$$

$$q_{西} = \frac{5}{2 \times 600}(15^2 - 10^2) + 0.005\left(0 - \frac{600}{2}\right) = -0.98\ m^3/day/m\ width$$

(二)流入東湖之流量 ($x = 600\ m$)

$$q_{東} = \frac{5}{2 \times 600}(15^2 - 10^2) + 0.005\left(600 - \frac{600}{2}\right) = 2.02\ m^3/day/m\ width$$

(三)假設地下水位線最高點之位置在 d 點，則該處之流量為 0

$$0 = \frac{5}{2 \times 600}(15^2 - 10^2) + 0.005\left(d - \frac{600}{2}\right)$$

$$\therefore\quad d = 195.8\ m$$

其高度為

$$h^2 = h_0^2 + \frac{(h_L^2 - h_0^2)}{L}x + \frac{Rx}{K}(L - x)$$

$$h_{max}^2 = 15^2 + \frac{(10^2 - 15^2)}{600} \times 195.8 + \frac{0.005 \times 195.8}{5}(600 - 195.8)$$

$$\therefore\quad h_{max} = 16.2\ m$$

◆

11

甲和乙兩條平行河川相距 $1.5\ km$，兩河川之間為一自由含水層，又兩河川皆貫穿含水層至不透水岩盤。含水層上之地表有均勻之補注 (*Recharge*)，若甲和乙兩河川水位高程分別為 $31\ m$ 和 $27\ m$（自不透水岩盤起算），又流向甲和乙兩河川之流量 (*Discharge per meter into the river*) 分別為 $0.957\ m^3/day/m$ 和 $1.143\ m^3/day/m$，試求最高地下水位高程。（84 水利高考二級）

解答

利用 *Dupuit* 方程式求解，假設水力傳導度為 K 且均勻補注量為 R，則流量為

$$q = \frac{K}{2L}(h_0^2 - h_L^2) + R\left(x - \frac{L}{2}\right)$$

已知進入甲河之流量

$$-0.957 = \frac{K}{2 \times 1500}(31^2 - 27^2) + R\left(0 - \frac{1500}{2}\right) \qquad (6.11.1)$$

而進入乙河之流量

$$1.143 = \frac{K}{2 \times 1500}(31^2 - 27^2) + R\left(1500 - \frac{1500}{2}\right) \qquad (6.11.2)$$

由（6.11.1）與（6.11.2）解得 $K = 1.2 \ m/day$ 以及 $R = 1.4 \times 10^{-3} m/day$。設 d 處具有最高地下水位，則該處流量為 0

$$0 = \frac{1.2}{2 \times 1500}(31^2 - 27^2) + 1.4 \times 10^{-3}\left(d - \frac{1500}{2}\right)$$

$$\therefore \quad d = 684 \ m$$

$$h^2 = h_0^2 + \frac{(h_L^2 - h_0^2)}{L}x + \frac{Rx}{K}(L - x)$$

$$h_{max}^2 = 31^2 + \frac{(27^2 - 31^2)}{1500} \times 684 + \frac{1.4 \times 10^{-3} \times 684}{1.2}(1500 - 684)$$

$$\therefore \quad h_{max} = 38.8 \ m$$

◆

12

均勻補注量為 R 之非限制含水層，受一完全鑿入之抽水井定量抽水 Q_p，試推求平衡狀況下之滲流水面方程式以及其影響半徑 R_i。

解答

設含水層厚度為 b；水力傳導度為 K；位置 r 處之地下水位為 h。因

為受到均勻補注量之影響，致使含水層各斷面間之流量互異，相距 *dr* 間之流量差 *dQ* 可表示為

$$\frac{dQ}{dr} = -2\pi r R$$

$$Q = -\pi r^2 R + c$$

在 *r* = 0 處 *Q* = *Q_p*，因此上式之係數 *c* = *Q_p*，故通過某斷面 *r* 處之流量為

$$Q = -\pi r^2 R + Q_p$$

再將達西定律代入上式，得

$$Q = AV$$

$$-\pi r^2 R + Q_p = (2\pi rh)K\frac{dh}{dr} \qquad (6.12)$$

$$\int_r^{R_i} \left(-\pi rR + \frac{Q_p}{r} \right) dr = 2\pi K \int_h^b hdh$$

$$h^2 = b^2 + \frac{R}{K}\frac{R_i^2 - r^2}{2} - \frac{Q_p}{\pi K}\ln\frac{R_i}{r}$$

上式即為滲流水面方程式。

若重新排列（6.12）式

$$\frac{dh}{dr} = \frac{-\pi r^2 R + Q_p}{2\pi rhK}$$

當 *r* = *R_i* 時，*dh/dr* = 0，因此影響半徑為

$$-\pi R_i^2 R + Q_p = 0$$

$$R_i = \sqrt{\frac{Q_p}{\pi R}}$$

◆

13 ────────────────────────────────

一有單位面積均勻補注量 $0.01\ cm/hr$ 之非拘限含水層，其地下水面位與底層岩盤之距離為 15 米，此含水層為具均質及等向性，其滲透係

數 2.0×10^{-3} *cm/sec*。當有一完全鑿入之抽水井，其抽水量每秒 1 公升時，求㈠距抽水井 $30\,m$ 處之地下水位洩降(*Drawdown*)？㈡影響半徑(*Radius of influence*)？㈢如不考慮補注量，其間之差異為何？（88 中原土木）

解答

已知均勻補注量 $R = 0.01$ *cm/hr* $= 2.78 \times 10^{-8}$ *m/s*，所以影響半徑為

$$R_i = \sqrt{\frac{Q_p}{\pi R}} = \sqrt{\frac{1 \times 10^{-3}}{\pi \times 2.78 \times 10^{-8}}} = 107\ m$$

㈠距抽水井 $30\,m$ 處之地下水位洩降

$$h^2 = b^2 + \frac{R}{K}\frac{R_i^2 - r^2}{2} - \frac{Q_p}{\pi K}\ln\frac{R_i}{r}$$

$$h^2 = 15^2 + \frac{2.78 \times 10^{-8}}{2 \times 10^{-5}} \times \frac{107^2 - 30^2}{2} - \frac{1 \times 10^{-3}}{\pi \times 2 \times 10^{-5}}\ln\frac{107}{30}$$

$$\therefore\quad h = 14.6\ m$$

$$s = 15 - 14.6 = 0.4\ m$$

㈡影響半徑 $R_i = 107\ m$

㈢不考慮補助量之洩降為

$$h^2 = b^2 - \frac{Q_p}{\pi K}\ln\frac{R_i}{r}$$

$$h^2 = 15^2 - \frac{1 \times 10^{-3}}{\pi \times 2 \times 10^{-5}}\ln\frac{107}{30}$$

$$\therefore\quad h = 14.3\ m$$

$$s' = 15 - 14.3 = 0.7\ m$$

兩者間之差異為 $0.7 - 0.4 = 0.3\ m$ ◆

14

某一水田地區，其自由含水層之初始地下水位為 $5.0\,m$，今以 $0.045\ m^3/s$ 定量抽水時，抽水井（內徑 $30\,cm$，完全鑿入）洩降 $1.3\,m$，洩

降影響範圍之半徑達 $200\,m$。已知水田對地下水之補注量為 10 mm/day，求該含水層之滲透係數，以 m/day 表示之。（86 水保檢覈）

解答

已知 $Q = 0.045\,m^3/s = 3888\,m^3/day$；$R = 10\,mm/day = 0.01\,m/day$；$h_w = 5 - 1.3 = 3.7\,m$。

$$h^2 = b^2 + \frac{R}{K}\frac{R_i^2 - r^2}{2} - \frac{Q_p}{\pi K}\ln\frac{R_i}{r}$$

$$3.7^2 = 5^2 + \frac{0.01}{K}\times\frac{200^2 - 0.15^2}{2} - \frac{3888}{\pi\times K}\ln\frac{200}{0.15}$$

$$\therefore \quad K = 770\,m/day$$

◆

15

設有 $30\,cm$ 直徑抽水井鑿入一 $32\,m$ 深之非拘限含水層內，在洩降 $2\,m$ 時之穩定抽水量為 $213\,liters/min$。試求算如直徑為㈠ $20\,cm$，㈡ $40\,cm$ 之抽水井，在洩降仍為 $2\,m$ 時之抽水量，以 $liters/min$ 表示，已知上述三種不同管徑之抽水影響半徑均為 $750\,m$。（86 水利中央薦任升等考試）

解答

非限制含水層之水力傳導度為

$$K = \frac{Q}{\pi(h_2^2 - h_1^2)}\ln\frac{r_2}{r_1}$$

$$= \frac{0.213}{\pi(32^2 - 30^2)}\ln\frac{750}{0.15} = 4.657\times10^{-3}\,m/min$$

㈠直徑為 $20\,cm$ 時，抽水量為

$$4.657\times10^{-3} = \frac{Q}{\pi(32^2 - 30^2)}\ln\frac{750}{0.1}$$

$$\therefore \quad Q = 0.203 \ m^3/min = 203 \ liters/min$$

㈡直徑為 $40 \, cm$ 時，抽水量為

$$4.657 \times 10^{-3} = \frac{Q}{\pi(32^2 - 30^2)}\ln\frac{750}{0.2}$$

$$\therefore \quad Q = 0.22 \ m^3/min = 220 \ liters/min \qquad \blacklozenge$$

16

一直徑 20 公分的井，鑿入含水層 30 公尺深，假設定量抽水率為 $0.02 \, m^3/sec$，今有二觀測井距離抽水井 10 公尺及 30 公尺之洩降分別為 1.5 公尺及 0.5 公尺，請分別就拘限含水層及非拘限含水層計算㈠含水層之滲透係數（ *Coefficient of Permeability* ），㈡若有效影響半徑為 100 公尺，求水井之洩降為何？（87 水利檢覈）

解答

已知 $h_1 = 30 - 1.5 = 28.5 \ m$；$h_2 = 30 - 0.5 = 29.5 \ m$。

㈠拘限含水層之水力傳導度為

$$
\begin{aligned}
K &= \frac{Q}{2\pi b(h_2 - h_1)}\ln\frac{R_2}{R_1} \\
&= \frac{0.02}{2\times\pi\times30(29.5 - 28.5)}\ln\frac{30}{10} = 1.1657\times10^{-4} \ m/s
\end{aligned}
$$

非拘限含水層之水力傳導度則為

$$
\begin{aligned}
K &= \frac{Q}{\pi(h_2^2 - h_1^2)}\ln\frac{R_2}{R_1} \\
&= \frac{0.02}{\pi(29.5^2 - 28.5^2)}\ln\frac{30}{10} = 1.2056\times10^{-4} \ m/s
\end{aligned}
$$

㈡設水井內之水位為 h_w，在拘限含水層之洩降為

$$1.1657\times10^{-4} = \frac{0.02}{2\times\pi\times30(30 - h_w)}\ln\frac{100}{0.1}$$

$$\therefore \quad s = 30 - h_w = 6.3 \ m$$

非拘限含水層之洩降則為

$$1.2056 \times 10^{-4} = \frac{0.02}{\pi(30^2 - h_w^2)} \ln\frac{100}{0.1}$$

$$\therefore \quad h_w = 23.1 \ m$$

$$s' = 30 - 23.1 = 6.9 \ m \qquad \qquad \blacklozenge$$

17

今有一井貫穿拘限層（*Confined aquifer*）該層厚 30 *m*，其透水係數為 30 *m*/*day*，抽水後洩降為 2 *m*。井之直徑為 20 *cm*，其影響半徑為 300 *m*。

㈠試求該井之抽水量（*l*/*hr*）？

㈡試求在井徑增加一倍為 40 *cm* 時，井之抽水量（*l*/*hr*）為何？

㈢其增加百分率為何？

㈣試就經濟觀點評論其得失。（84 水利中央薦任升等考試）

解答

㈠井之抽水量為

$$K = \frac{Q}{2\pi b(h_2 - h_1)} \ln\frac{R_2}{R_1}$$

$$30 = \frac{Q}{2 \times \pi \times 30(30 - 28)} \ln\frac{300}{0.1}$$

$$\therefore \quad Q = 1412.6 \ m^3/day = 58858 \ l/hr$$

㈡井徑增加一倍之抽水量

$$30 = \frac{Q}{2 \times \pi \times 30(30 - 28)} \ln\frac{300}{0.2}$$

$$\therefore \quad Q = 1546.5 \ m^3/day = 64438 \ l/hr$$

㈢增加百分率為

$$\frac{64438 - 58858}{58858} \times 100\% = 9.48\%$$

㈣井徑增加一倍但抽水量只增加 9.48%，並不經濟。 ◆

18

某一拘限含水層，其平面座標如下圖所示，x 及 y 軸為一組相互垂直之不透水邊界，點 A 為抽水井位置。已知含水層厚度為 20 公尺，水力傳導係數為 6.1×10^{-4} 公尺/分鐘，抽水前之管壓面距含水層底部 90 公尺。若抽水井之抽水量為 0.2 立方公尺/分鐘，點 0 處之洩降為 10 公尺，試計算點 B 處之洩降？（89 水保檢覈）

解答

在對稱於 X 軸與 Y 軸之位置增設 A 井之假想抽水井，對稱於 0 點設置 A 井之假想補注井，以線性疊加方式計算點 0 處之洩降，即可得到影響半徑 R

$$H - h = \frac{1}{2\pi K b} \sum_{i=1}^{n} Q_i \ln\left(\frac{R_i}{r_i}\right)$$

$$10 = \frac{0.2}{2 \times \pi \times 6.1 \times 10^{-4} \times 20}\left(\ln\frac{R}{100\sqrt{2}} + \ln\frac{R}{100\sqrt{2}} + \ln\frac{R}{100\sqrt{2}} - \ln\frac{R}{100\sqrt{2}}\right)$$

$$\therefore \quad R = 961 \ m$$

因此，點 B 處之洩降為

$$s_B = \frac{0.2}{2 \times \pi \times 6.1 \times 10^{-4} \times 20}\left(\ln\frac{961}{100} + \ln\frac{961}{100} + \ln\frac{961}{100\sqrt{5}} - \ln\frac{961}{100\sqrt{5}}\right) = 11.8 \ m$$

◆

19

考慮一個有兩正交補助邊界 (*Recharge boundary*) 之拘限含水層。現有一抽水井以 5000 m^3/day 自含水層抽水，試求觀測井處之洩降。抽水井及觀測井之位置示如下圖。含水層之流通係數為 1500 m^2/day。（82水利高考一級）

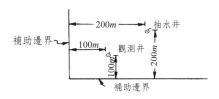

解答

在對稱於補助邊界處增設抽水井之假想補助井，對稱於補助邊界交點處設置抽水井之假想抽水井，則觀測井處之洩降為

$$H - h = \frac{1}{2\pi K b} \sum_{i=1}^{n} Q_i \ln\left(\frac{R_i}{r_i}\right)$$

$$s = \frac{Q}{2\pi T}\left(\ln\frac{R}{100\sqrt{2}} - \ln\frac{R}{100\sqrt{10}} - \ln\frac{R}{100\sqrt{10}} + \ln\frac{R}{100\sqrt{18}}\right)$$

$$= \frac{5000}{2\times\pi\times1500} \ln\frac{100\sqrt{10}\times100\sqrt{10}}{100\sqrt{2}\times100\sqrt{18}}$$

$$= 0.27 \ m$$

◆

20

已知某完全鑿入拘限含水層（*Confined aquifer*）的井，以流量為 0.03 *cms* 的穩定水量抽水，已知該井的直徑為 50 *cm*，距離抽水井 100 *m* 及 500 *m* 處各有一個觀測井，其洩降值分別為 12 *m* 及 4 *m*，若含水層的厚度為 30 *m*，試求

(一)該含水層的滲透係數 K 及流通係數 T？

(二)抽水井的影響半徑？

㈢若於抽水井所觀測到的洩降為 44 m，試求假想井的阻抗？（87 屏
　科大土木）

解答

已知$h_1 = 30 - 12 = 18$ m；$h_2 = 30 - 4 = 26$ m。

㈠滲透係數與流通係數分別為

$$K = \frac{Q}{2\pi b(h_2 - h_1)}\ln\frac{R_2}{R_1}$$
$$= \frac{0.03}{2\times\pi\times30(26 - 18)}\ln\frac{500}{100}$$
$$= 3.2\times10^{-5} \ m/s$$

$$T = Kb$$
$$= 3.2\times10^{-5}\times30 = 9.6\times10^{-4} \ m^2/s$$

㈡影響半徑為

$$K = \frac{Q}{2\pi b(b - h_1)}\ln\left(\frac{R}{r}\right)$$
$$3.2\times10^{-5} = \frac{0.03}{2\times\pi\times30(30-18)}\ln\frac{R}{100}$$
$$\therefore \quad R = 1116 \ m$$

㈢抽水井之理論洩降為

$$s = b - h_w = \frac{0.03}{2\times\pi\times3.2\times10^{-5}\times30}\ln\frac{1116}{0.25} = 41.8 \ m$$

因此假想井的阻抗為 $44 - 41.8 = 2.2$ m。 ◆

21

某地區其地下水拘限含水層 (*Confined aquifer*) 厚度為 30 m，且延伸範
圍達 $800 km^2$，其壓力水位之年變化量自 9 m 至 19 m（以含水層頂部
為基準），貯蓄係數（*storage coefficient*）為 0.0008，試

㈠估算此地區之年平均地下水補注量。

㈡設單一水井之平均出水量為 $30m^3/hr$，且一年中僅運轉 200 天，試計算該區最多能設置多少口水井？（87 海大河工）

解答

假設補注量均成為貯存於含水層之地下水。

㈠壓力水位變化之體積為

$$V = (19 - 9) \times 800 \times 10^6 = 8 \times 10^9 \ m^3$$

年平均地下水補助量則為

$$V_w = SV$$
$$= 0.0008 \times 8 \times 10^9 = 6400000 \ m^3$$

㈡若以安全出水量推求最多所能設置之水井數，則

$$n = 6400000 / (30 \times 24 \times 200) = 44.4$$

故最多能設置 44 口井。 ◆

22

進行抽水試驗時，將觀測井置於抽水井之正東方 $100 \ m$ 處，然而由於該地區受另外兩口定水量之私設抽水井同時抽水的影響，使得當抽水井之抽水量為 $0.1 \ cms$ 時，觀測井之水位變化在開始抽水一小時後洩降為 $7.76 \ m$。假設已知此兩口私井的抽水量相同，且分別位於觀測井之正北方 $100 \ m$ 處與觀測井之正南方 $200 \ m$ 處。今已知含水層流通係數（*Transmissivity*） T 為 $25 \ m^2/hr$，蓄水係數（*Storage Coefficient*）為 0.0004。試推求此兩口私井的抽水量（*cms*）。（87 水保檢覈）

公式提供：井函數：$W(u) = -0.5772 - \ln u + u - \dfrac{u^2}{2 \cdot 2!} + \dfrac{u^3}{3 \cdot 3!} \cdots$

解答

已知$Q_p = 0.1\ m^3/s = 360\ m^3/hr$。當抽水井距離觀測井為$r = 100\ m$時

$$u = \frac{r^2 S}{4Tt}$$

$$u_1 = \frac{100^2 \times 0.0004}{4 \times 25 \times 1} = 0.04$$

$$W(u) = -0.5772 - \ln u + u - \frac{u^2}{2 \cdot 2!} + \frac{u^3}{3 \cdot 3!}$$

$$W(u_1) = -0.5772 - \ln 0.04 + 0.04 - \frac{0.04^2}{2 \cdot 2!} + \frac{0.04^3}{3 \cdot 3!} \cdots = 2.6813$$

當抽水井距離觀測井為$r = 200\ m$時

$$u_2 = \frac{200^2 \times 0.0004}{4 \times 25 \times 1} = 0.16$$

$$W(u_2) = -0.5772 - \ln 0.16 + 0.16 - \frac{0.16^2}{2 \cdot 2!} + \frac{0.16^3}{3 \cdot 3!} \cdots = 1.4092$$

觀測井之洩降乃是由抽水井與私井共同造成，因此

$$s = \sum_{i=1}^{n} \frac{Q_i}{4\pi T} W(u_i)$$

$$7.76 = \frac{360}{4 \times \pi \times 25} \times 2.6813 + \frac{Q}{4 \times \pi \times 25}(2.6813 + 1.4092)$$

$$\therefore \quad Q = 360\ m^3/hr = 0.1\ m^3/s$$ ◆

23

有關地下水理論，請簡答之

兩口井相距$100\ m$，假設該地區起始地下水位為零且與地表平行，現在兩口井開始皆以$Q = 1000\ m^3/day$的抽水量抽水，假設含水層的蓄水常數$S = 0.003$，流通係數$T = 0.15\ m^2/min$，請問二小時後

(一)位於兩井連線的中點處（X位置）的地下水位洩降為何（cm）？

(二)位於東井北方$50\ m$位置處（Y位置）的地下水位洩降為何（cm）？

（88 中央土木）

公式提示：（公式1）$u = \dfrac{S}{4T}\dfrac{r^2}{t}$

（公式2）$Z_r = \dfrac{q}{4\pi T}\displaystyle\int_u^\infty \dfrac{e^{-u}}{u}du$

（公式3）*Well function of u：* $W(u) = -0.5772 - \ln u + u - \dfrac{u^2}{2\cdot 2!} + \dfrac{u^3}{3\cdot 3!}\cdots$

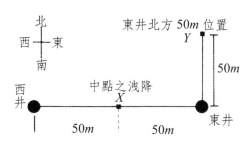

解答

已知 $Q = 1000\ m^3/day = 0.694\ m^3/min$。

㈠位置 X 點距離東井與西井均為 $50\ m$，因此

$$u = \frac{r^2 S}{4Tt}$$

$$u_1 = \frac{50^2 \times 0.003}{4\times 0.15\times 2\times 60} = 0.104$$

$$W(u) = -0.5772 - \ln u + u - \frac{u^2}{2\cdot 2!} + \frac{u^3}{3\cdot 3!}\cdots$$

$$W(u_1) = -0.5772 - \ln 0.104 + 0.104 - \frac{0.104^2}{2\cdot 2!} + \frac{0.104^3}{3\cdot 3!}\cdots = 1.788$$

$$s = \sum_{i=1}^n \frac{Q_i}{4\pi T}W(u_i)$$

$$s_X = \frac{0.694}{4\times\pi\times 0.15}(1.788 + 1.788) = 1.317\ m = 131.7\ cm$$

㈡位置 Y 點距離東井 $50\ m$，距離西井 $50\sqrt{5}\ m$，因此

$$u_2 = \frac{(50\sqrt{5})^2 \times 0.003}{4\times 0.15\times 2\times 60} = 0.521$$

$$W(u_2) = -0.5772 - \ln 0.521 + 0.521 - \frac{0.521^2}{2 \cdot 2!} + \frac{0.521^3}{3 \cdot 3!} \cdots = 0.536$$

$$s_Y = \frac{0.694}{4 \times \pi \times 0.15}(1.788 + 0.536) = 0.856 \ m = 85.6 \ cm$$ ◆

24

一拘限含水層 (*Confined aquifer*) 抽水，設抽水井之位置為原點，則洩降 (*draw down*) Z 與時間 t 及水井至觀測井之距離 r 之關係，可利用傑可伯 (*Jacob*) 法以徑向流 (*radial flow*) 表示如下：

$$Z = \frac{Q}{4\pi T}\left(-0.5772 - \ln\frac{S}{4T} \cdot \frac{r^2}{t}\right) 或 Z = \frac{2.30Q}{4\pi T}\log\left[\left(\frac{2.25T}{S} \cdot \frac{1}{r}\right)t\right]$$

式中 Q 為抽水量，T 為流通係數（*transmissibility*），S 為儲蓄係數 (*storage coefficient*)

(一)說明 *Jacob* 法之適用條件。

(二)由一組抽水試驗資料得 t 與 Z 之對應關係為

t_0（零洩降軸之時間截距）$= 2.5 \times 10^{-4}$（天）	$Z_0 = 0$（呎）
$t_1 = 10^{-3}$（天）	$Z_1 = 0.6$（呎）
$t_2 = 10^{-2}$（天）	$Z_2 = 2.0$（呎）
$Q = 6400$（立方呎/天）	$r = 24$（呎）

試求 T 與 S。（86 水利檢覈）

解答

(一)西斯公式將洩降表示為

$$s = \frac{Q}{4\pi T}\int_u^\infty \frac{e^{-u}}{u}du = \frac{Q}{4\pi T}W(u)$$

式中 Q 為抽水量；$u = \frac{r^2 S}{4Tt}$；井函數為

$$W(u) = \int_u^\infty \frac{e^{-u}}{u}du = -0.5772 - \ln u + u - \frac{u^2}{2 \cdot 2!} + \frac{u^3}{3 \cdot 3!} - \frac{u^4}{4 \cdot 4!} + \cdots$$

可柏-賈可柏認為當 *r* 值很小且 *t* 值很大時，*u* 變得非常小，因此可簡省井函數式中級數之項數，故水位洩降可表示為

$$s = \frac{Q}{4\pi T}\left(-0.5772 - \ln\frac{r^2 S}{4Tt}\right)$$

(二)在時刻 t_1 與 t_2 時之洩降分別為

$$s_1 = \frac{Q}{4\pi T}\left(-0.5772 - \ln\frac{r^2 S}{4Tt_1}\right)$$

$$s_2 = \frac{Q}{4\pi T}\left(-0.5772 - \ln\frac{r^2 S}{4Tt_2}\right)$$

兩式相減得

$$T = \frac{Q}{4\pi(s_2 - s_1)}\ln\frac{t_2}{t_1}$$

$$= \frac{6400}{4\times\pi(2.0 - 0.6)}\ln\frac{10^{-2}}{10^{-3}} = 837.64 \ ft^2/day$$

$t = t_0$ 時，洩降為 0

$$0 = \frac{Q}{4\pi T}\left(-0.5772 - \ln\frac{r^2 S}{4Tt_0}\right)$$

$$\ln\frac{r^2 S}{4Tt_0} = -0.5772$$

$$S = \frac{2.25Tt_0}{r^2}$$

$$= \frac{2.25\times837.64\times2.5\times10^{-4}}{24^2} = 8.18\times10^{-4}$$

◆

25

某一拘限含水層（*confined aquifer*），含水層厚度為 20 公尺，在進行抽水試驗時，若距抽水井 100 公尺處觀測井在抽水後 1 小時及 4 小時之洩降分別為 1.0 公尺及 1.5 公尺，已知含水層之蓄水係數（*storage coefficient*）為 0.003，試估算含水層之滲透係數（*coefficient of perme-ability*）。（88 環工技師）

解答

假設抽水量為 Q，則洩降為

$$s = \frac{Q}{4\pi T}\left(-0.5772 - \ln\frac{r^2 S}{4Tt}\right)$$

$$1.0 = \frac{Q}{4\pi T}\left(-0.5772 - \ln\frac{100^2 \times 0.003}{4 \times T \times 1}\right)$$

$$1.5 = \frac{Q}{4\pi T}\left(-0.5772 - \ln\frac{100^2 \times 0.003}{4 \times T \times 4}\right)$$

兩式相減得 $Q/4\pi T = 0.361$，因此 T 為

$$1.0 = 0.361\left(-0.5772 - \ln\frac{100^2 \times 0.003}{4 \times T \times 1}\right)$$

$$\therefore \quad T = 213.2 \ m^2/hr$$

水力傳導度則為

$$K = T/b$$
$$= 213.2/20 = 10.66 \ m/hr$$

26

已知距離一抽水井 20 m 處經過抽水 240 分鐘後之某含水層水位洩降為 25 m，試應用修正 *Theis* 公式來求算距該抽水井 60 m 處具有相同洩降之所需抽水時間。（84 水利專技）

解答

修正 *Theis* 公式即為可柏-賈可柏公式，距抽水井 20 m 處之洩降為

$$s = \frac{Q}{4\pi T}\left(-0.5772 - \ln\frac{r^2 S}{4Tt}\right)$$

$$25 = \frac{Q}{4\pi T}\left(-0.5772 - \ln\frac{20^2 \times S}{4 \times T \times 240}\right) \qquad (6.26.1)$$

若距抽水井 60 m 處，具有相同洩降所需之抽水時間為 t，則

$$25 = \frac{Q}{4\pi T}\left(-0.5772 - \ln\frac{60^2 \times S}{4 \times T \times t}\right) \qquad (6.26.2)$$

（6.26.1）式等於（6.26.2）式

$$\frac{20^2 \times S}{4 \times T \times 240} = \frac{60^2 \times S}{4 \times T \times t}$$

∴　$t = 2160 \ min$　　　　　　　　　　　◆

27

有一含水層之傳輸率（*Transmissivity*）$T = 120 \ m^2/day$，儲蓄率（*Storativity*）$S = 5 \times 10^{-2}$，在距抽水井 300 公尺處有一不透水邊界，抽水率為 $2.6 \times 10^3 \ m^3/day$，請問在抽水 365 天後，在抽水井和不透水邊界間之中點處之洩降為何？

再者，如果不透水邊界改成為河川，則該點之洩降又如何？

相關之水井函數列出如下：（82 水保專技）

$u = 5 \times 10^{-3}$；$W(u) = 4.73$	$u = 4 \times 10^{-2}$；$W(u) = 2.68$
$u = 6 \times 10^{-3}$；$W(u) = 4.54$	$u = 5 \times 10^{-2}$；$W(u) = 2.47$
$u = 7 \times 10^{-3}$；$W(u) = 4.39$	$u = 6 \times 10^{-2}$；$W(u) = 2.30$

解答

中點與抽水井距離為 $150 \ m$，因此

$$u = \frac{r^2 S}{4Tt}$$

$$u_1 = \frac{150^2 \times 5 \times 10^{-2}}{4 \times 120 \times 365} = 6.42 \times 10^{-3}$$

$$W(u_1) = 4.54 + (4.39 - 4.54) \times \frac{6.42 \times 10^{-3} - 6 \times 10^{-3}}{7 \times 10^{-3} - 6 \times 10^{-3}} = 4.477$$

中點與假想井距離為 $450\,m$，因此

$$u_2 = \frac{450^2 \times 5 \times 10^{-2}}{4 \times 120 \times 365} = 5.78 \times 10^{-2}$$

$$W(u_2) = 2.47 + (2.3 - 2.47) \times \frac{5.78 \times 10^{-2} - 5 \times 10^{-2}}{6 \times 10^{-2} - 5 \times 10^{-2}} = 2.337$$

抽水井和不透水邊界間之中點處洩降為

$$s = \sum_{i=1}^{n} \frac{Q_i}{4\pi T} W(u_i)$$
$$= \frac{2.6 \times 10^3}{4 \times \pi \times 120}(4.477 + 2.337) = 11.75 \ m$$

抽水井和河川邊界之中點處洩降則為

$$s' = \frac{2.6 \times 10^3}{4 \times \pi \times 120}(4.477 - 2.337) = 3.69 \ m$$

◆

28

某一完全貫入拘限含水層之抽水井，其初始抽水量為 $1,000\,m^3/day$，一天後抽水量變為 $2,000\,m^3/day$。假設含水層之流通係數為 $1,400$ m^2/day，蓄水係數為 10^{-4}，試求距初始抽水三天後在離抽水井 $1,000$ m 處之洩降？（86 水利高考三級）

解答

將抽水井之抽水狀況分解為 Q_1 與 Q_2 如下表所示，

表 6.28

時間（天）	Q_1	Q_2	Q
1	1,000		1,000
2	1,000	1,000	2,000
3	1,000	1,000	2,000

以線性疊加方式計算三天後抽水井之洩降

$$s = \Sigma \frac{Q}{4\pi T}\left(-0.5772 - \ln\frac{r^2 S}{4Tt}\right)$$
$$= \frac{1000}{4\times\pi\times1400}\left(-2\times0.5772 - \ln\frac{1000^2\times1\times10^{-4}}{4\times1400\times3} - \ln\frac{1000^2\times1\times10^{-4}}{4\times1400\times2}\right)$$
$$= 0.5 \ m$$

◆

29

某一抽水井完全貫入拘限含水層，以 $0.2 \ m^3/sec$ 抽水，抽水 100 分鐘後停止抽水，此時距抽水井 100 公尺處之觀測井其洩降為 1.19 公尺，又停止抽水 900 分鐘後在觀測井之殘餘洩降為 0.65 公尺，試求蓄水係數與流通係數。（88 水保檢覈）

解答

分解此抽水井之抽水狀況為 Q_1 與 Q_2 的下表所示，

表 6.29

(1) 時 間 （分鐘）	(2) Q_1 （m^3/s）	(3) Q_2 （m^3/s）	(4) Q （m^3/s）
0-100	0.2	0	0.2
100-1000	0.2	-0.2	0

因此可將觀測井之洩降，視為 Q_1 與 Q_2 所共同造成。利用可柏-賈可柏公式

$$s = \Sigma \frac{Q}{4\pi T}\left(-0.5772 - \ln\frac{r^2 S}{4Tt}\right)$$

當 $t = 1000 \ min$ 時，$s = 0.65 \ m$，以線性疊加方式計算

$$0.65 = \frac{0.2}{4\pi T}\left(-0.5772 - \ln\frac{100^2 S}{4T(1000\times60)}\right)$$

$$+\frac{-0.2}{4\pi T}\left(-0.5772-\ln\frac{100^2 S}{4T(900\times 60)}\right)$$

$$0.65=\frac{0.2}{4\times\pi\times T}\ln\frac{1000}{900}$$

$$\therefore\quad T=2.58\times 10^{-3}\ m^2/s$$

當 $t=100\ min$ 時，$s=1.19\ m$

$$1.19=\frac{0.2}{4\times\pi\times 2.58\times 10^{-3}}\left(-0.5772-\ln\frac{100^2 S}{4\times 2.58\times 10^{-3}(100\times 60)}\right)$$

$$\therefore\quad S=2.87\times 10^{-3}$$ ◆

30

某抽水井自 25 公尺厚之拘限含水層抽水 1000 分鐘，其抽水量為 0.2 m^3/sec，在距抽水井 100 公尺處之觀測井其洩降記錄如下表所示，試求蓄水係數及流通係數。（83 水保檢覈）

時間（min）	10	30	60	100	600	1,000
洩降（m）	0.54	0.85	1.05	1.19	1.70	1.84

解答

取時間 $t_1=100\ min$ 與 $t_2=1000\ min$ 之洩降紀錄計算。

$$s=\frac{Q}{4\pi T}\left(-0.5772-\ln\frac{r^2 S}{4Tt}\right)$$

$$\Delta s=s_2-s_1=\frac{2.3Q}{4\pi T}\log\left(\frac{t_2}{t_1}\right)$$

因為 $\log(t_2/t_1)=1$，所以流通度為

$$T=\frac{2.3Q}{4\pi\Delta s}$$

$$=\frac{2.3\times 0.2\times 60}{4\times\pi(1.84-1.19)}$$

$$=3.38\ m^2/min$$

再代回 $t=1000\ min$ 之洩降紀錄以求算蓄水係數

$$1.84=\frac{0.2\times60}{4\times\pi\times3.38}\left(-0.5772-\ln\frac{100^2\times S}{4\times3.38\times1000}\right)$$

$$\therefore\quad S=1.13\times10^{-3}$$

◆

31

一抽水井直徑 $30\ cm$，抽水量 $360\ m^3/$小時，進行抽水試驗，距離抽水井 $100\ m$ 處之觀測井時間洩降記錄資料如下：

時間（分）	4	9	15	30	60	120	250	470	940
洩降（公尺）	0.14	0.35	0.55	0.81	1.15	1.55	1.75	2.2	2.5

試求：

㈠該含水層之流通係數及蓄水常數。

㈡經過 1 年抽水其影響半徑為何？（84 屏科大土木）

解答

以可柏-賈可柏公式表示洩降為

$$s=\frac{Q}{4\pi T}\left(-0.5772-\ln\frac{r^2S}{4Tt}\right)$$

$$\Delta s=\frac{Q}{4\pi T}\ln\frac{t_2}{t_1}$$

㈠取 $t_1=4\ min$ 與 $t_2=940\ min$ 之紀錄資料，計算該含水層之流通係數

$$2.5-0.14=\frac{360}{4\times\pi\times T}\ln\frac{940/60}{4/60}$$

$$\therefore\quad T=66.27\ m^2/hr$$

當 $t=940\ min$ 時，洩降為 $2.5\ m$，因此含水層之蓄水常數為

$$2.5 = \frac{360}{4 \times \pi \times 66.27}\left(-0.5772 - \ln\frac{100^2 \times S}{4 \times 66.27(940/60)}\right)$$

$$\therefore \quad S = 7.179 \times 10^{-4}$$

(二)經 1 年抽水後,影響半徑 R 處之洩降為 0

$$0 = \frac{360}{4 \times \pi \times 66.27}\left(-0.5772 - \ln\frac{R^2 \times 7.179 \times 10^{-4}}{4 \times 66.27(365 \times 24)}\right)$$

$$\ln\frac{R^2 \times 7.179 \times 10^{-4}}{4 \times 66.27(365 \times 24)} = -0.5772$$

$$\therefore \quad R = 42616 \ m$$

32

以 *Jacob* 法探討一鑿入拘限含水層井之抽水量(Q)與洩降(z)關係可表示為:

$$z = \frac{Q}{4\pi T}W(u)$$

其中 $W(u)$ 為井函數($= -0.5772 - \ln u$)而 $u = (r^2 S/4Tt)$; r 為距抽水井距離; S 為蓄水係數; T 為流通係數; t 為抽水時間。若一抽水井以 $0.05 cms$ 定量抽水,在距離其 $100m$ 處有一觀測井其洩降與抽水時間關係如下:

時間(hr)	1	2	5	6	8	10	20	30	50
洩降(m)	0.02	0.04	0.05	0.11	0.19	0.25	0.44	0.55	0.70

試以所附之半對數紙依 *Jacob* 法求此含水層之蓄水係數 S 及流通係數 T (以 m^2/day 表示之)。(89 中興土木)

解答

取 $t_1 = 5hr$ 以及 $t_2 = 50hr$ 之紀錄資料計算

$$s = \frac{Q}{4\pi T}\left(-0.5772 - \ln\frac{r^2 S}{4Tt}\right)$$

$$\Delta s = \frac{Q}{4\pi T}\ln\frac{t_2}{t_1}$$

$$0.70 - 0.05 = \frac{0.05 \times 3600}{4\pi T}\ln\frac{50}{5}$$

$$\therefore \quad T = 50.7 \ m^2/hr = 1217 \ m^2/day$$

將試驗數據繪於半對數紙上，查圖得知 $t_0 = 4hr$。假設 $t = t_0$ 時，洩降為 0，則蓄水係數為

$$0 = \frac{Q}{4\pi T}\left(-0.5772 - \ln\frac{r^2 S}{4Tt_0}\right)$$

$$S = \frac{2.25Tt_0}{r^2}$$

$$= \frac{2.25 \times 50.7 \times 4}{100^2} = 0.0456$$

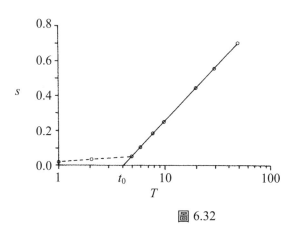

圖 6.32

33

如圖所示，水流以飽和滲透方式通過某一由三層土層所構成之土壤層。設各土層皆適用 *Darcy* 定律，試答：

㈠土壤水在垂直方向呈穩定狀態流動時，第一層至第三層之平均滲透

係數$\bar{k}_v$為何？

(二) 已知$k_1 = 1.0 \times 10^{-4} \, cm/s$，$k_2 = 1.0 \times 10^{-6} \, cm/s$，$k_3 = 1.0 \times 10^{-5} \, cm/s$ 及 $d_1 = 15 \, cm$，$d_2 = 5 \, cm$，$d_3 = 30 \, cm$，則$\bar{k}_v$為何？（89 水保工程高考三級）

解答

(一)流經上、下兩含水層的單位面積流量q_z必相等，故可得

$$q_z = dA \, (K_1 \frac{dh_1}{z_1}) = dA \, (K_2 \frac{dh_2}{z_2})$$

式中dA為單位面積。所以

$$dh_1 + dh_2 = \frac{q_z}{dA} \left(\frac{z_1}{K_1} + \frac{z_2}{K_2} \right) \qquad (6.33.1)$$

若將土層視為一均質含水層，則可利用達西定律將垂直方向之流量表示為

$$q_z = dA \left[K_z (\frac{dh_1 + dh_2}{z_1 + z_2}) \right]$$

式中K_z代表整個含水層垂直方向的水力傳導度，所以可得

$$dh_1 + dh_2 = \frac{q_z}{dA} \left(\frac{z_1 + z_2}{K_z} \right) \qquad (6.33.2)$$

（6.33.1）式與（6.33.2）式應相等，故平均水力傳導度為

$$K_z = \frac{z_1 + z_2}{\frac{z_1}{K_1} + \frac{z_2}{K_2}}$$

上式亦可表示為如下之通式

$$K_z = \frac{z_1 + z_2 + \cdots + z_n}{\dfrac{z_1}{K_1} + \dfrac{z_2}{K_2} + \cdots + \dfrac{z_n}{K_n}}$$

(二)平均水力傳導度為

$$\overline{K}_v = \frac{15 + 5 + 30}{\dfrac{15}{1.0 \times 10^{-4}} + \dfrac{5}{1.0 \times 10^{-6}} + \dfrac{30}{1.0 \times 10^{-5}}} = 6.13 \times 10^{-6} \ cm/s \qquad ◆$$

34

台灣西部沿海地區地下水超抽導致海水入侵之現象頗為嚴重。已知西部濱海某處之地下水水位為海平面上 $1.5m$，試以水動力平衡之條件，推求該位置地下水與海水交界面之深度。已知海水之密度為 1.025 g/cm^3。（88 台大農工）

解答

海水之密度比淡水大，因此沿海地區之地下水下方會遭海水楔入，而浮在鹽水上之稜鏡形淡水水體即稱為 *Ghyben-Herzberg* 稜鏡（*Ghyben-Herzberg lens*）。

　　設地下水之密度為 ρ_w；海水之密度為 ρ_s；地下水位在海平面上 h 公尺；地下水與海水之交界面位於地下 z 公尺。由於交界面處之壓力相等，因此

$$\rho_w g (h+z) = \rho_s g z$$
$$\rho_w (h+z) = \rho_s z$$
$$z = \frac{\rho_w h}{\rho_s - \rho_w} = \frac{h}{1.025 - 1} = 40h$$

這表示在海平面上有 1 單位深度之淡水時，則在海平面下 40 單位深度處為鹽水，此關係稱為 *Ghyben-Herzberg* 比。所以當地下水水位

在海平面上 $1.5\,m$ 時，地下水與海水交界面之深度在海平面下

$$z = 40 \times 1.5 = 60 \ m$$ ◆

35#

何謂地下水之人工補注？其目的與功能為何？方法有哪些？而防止海水入侵之方法又有哪些？

解答

人工補注是藉由人為方法以增加地下水蘊藏量。其目的與功能為：

1. 補充天然補注之不足，維持地下水水位。
2. 防止地層下陷，避免海水入侵。
3. 降低洪水災害，並可供應旱季用水。
4. 利用地下含水層為輸水管路，運送水量至他處。
5. 清洗受污染之含水層，或淨化並排除廢水。
6. 地表水資源與地下水資源聯合利用。

　　人工補注需考慮地質條件與經濟效益等因素，常以水工建物蓄水下滲；由補注井泵水進入含水層；高滲透地區過量灌溉或以人工方法改變自然環境之滲漏等方法達成。

　　避免海水入侵之防治方法則有：減少抽取地下水；沿海岸線設立一排抽水井或補注井，以阻止海水入侵；人工補注地下水或埋設永久性地下阻水屏障等。 ◆

CHAPTER 7

集水區降雨逕流演算

1

解釋名詞

(1)集流時間 (*time of concentration*)。（87 淡江水環轉學考，85 水利高考三級，84 水利檢覈）

(2)合理化公式 (*rational formula*)。（87 屏科大土木，87 淡江水環轉學考，84 中原土木）

(3)逕流係數 (*runoff coefficient*)。（80 中原土木）

(4)單位歷線 (*unit hydrograph*)。（85 屏科大土木）

(5)瞬時單位歷線 (*instantaneous unit hydrograph*)。（81 環工專技）

(6)時間-面積圖 (*time-area histogram*)。（82 水利交通事業人員升資考試）

(7)合成單位歷線 (*synthetic unit hydrograph*)。（86 屏科大土木）

(8)流域稽延時間 (*basin lag*)。（88 水利中央簡任升等考試）

(9)#黑盒分析 (*black-box analysis*)。（82 水利高考二級）

(10)#水文預報 (*hydrologic forecasting*)。（82 水利中央簡任升等考試）

解答

(1)集流時間：水流由集水區內水力學上之最遠點，流至集水區出口所需的時間。集流時間受逕流過程之水深、坡度、糙度以及河道狀況等因子影響。

(2)合理化公式：適用於小集水區計算流量之公式。可表示為

$$Q_p = C\bar{i}A$$

式中 Q_p 為尖峰流量；C 為逕流係數，該係數是反應集水區降雨損失之無因次係數；$\bar{i}$ 為降雨延時等於集流時間之平均降雨強度；A 為集水區面積。

(3)逕流係數：降雨量轉變為逕流量之比例。此數值隨集水區內之水文與地文因子而變，是介於 0~1 之間的常數。

(4)單位歷線：在某特定降雨延時內，1 單位有效降雨均勻落於集水
　　區所產生的直接逕流歷線。

(5)瞬時單位歷線：1 單位有效降雨在 $t=0$ 瞬間，均勻落於集水區所
　　產生之直接逕流歷線。

(6)時間-面積圖：應用等時線將集水區劃分為數個區間，每一區間代
　　表水流由該位置到達集水區出口所需之運行時間相同，再將劃分
　　的次集水區面積繪製成柱狀圖，即稱之為時間-面積圖。

(7)合成單位歷線：根據某些理論或經驗方法，藉由鄰近有紀錄集水
　　區之水文紀錄資料，配合所欲推求集水區之地文特性，以建立無
　　紀錄集水區單位歷線之方式，即稱為合成單位歷線。

(8)流域稽延時間：是指有效降雨中心至直接逕流歷線尖峰之時距。

(9)黑盒分析：在不討論系統之內部架構，僅對該系統輸入資料與輸
　　出資料間之關係進行分析的研究方法。

(10)水文預報：針對特定地區在特定時刻內，即將發生的某一水文狀
　　況所作之預測。　　　　　　　　　　　　　　　　　　　　◆

2

某停車場依逕流到達出口處所需時間，可劃分為四個小區。每個小分
區所佔面積均為 $2500\,m^2$，且逕流於每分區流動所需時間為 $10\,min$。若
入滲損失可予以忽略，試推求降雨強度為 $1\,cm/hr$，降雨延時分別為
㈠ $t_d=30\,min$，㈡ $t_d=50\,min$，情況下之出流歷線圖（流量請用 m^3/s 表
示）。（87 海大河工）

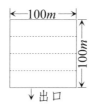

解答

已知 $i = 1\,cm/hr = 2.78 \times 10^{-6}\,m/s$；$A = 10000\,m^2$；集流時間 $t_c = 40\,min$。

流量歷線可表示為

$$上升段\,(t < t_c)：Q = \frac{t}{t_c}iA$$

$$平衡段\,(t_c \le t \le t_d)：Q_p = iA$$

$$退水段\,(t_d < t)：Q = \frac{t_c - (t - t_d)}{t_c}iA$$

表 7.2

(1) $t\,(min)$		10	20	30	40	50	60	70	80	90
(2) Q (m^3/s)	$t_d = 30$	0.0070	0.0139	0.0209	0.0209	0.0139	0.0070	0		
	$t_d = 50$	0.0070	0.0139	0.0209	0.0278	0.0278	0.0209	0.0139	0.0070	0

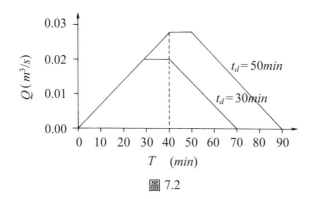

圖 7.2

3

有一 60°扇形小集水區，若忽略滯蓄效應不計，並設：

㈠歷線單元之上升段與退水段均呈線性變化。

㈡流達時間 (*Travel time*) 與距出口距離成正比。

㈢降雨延時等於集流時間 (t_c)。

試描繪出口處之出流歷線。（86 水利高考三級）

解答

假設扇形集水區之面積為 A；集流時間為 t_c。在忽略瀦蓄效應的情況下，一均勻降雨強度 i 在集水區出口處所形成的流量可表示如下：

上升段（$t < t_c$）：$Q = \dfrac{t^2}{t_c^2} iA$

平衡段（$t_c \le t \le t_d$）：$Q_p = iA$

退水段（$t_d < t$）：$Q = \dfrac{t_c^2 - (t - t_d)^2}{t_c^2} iA$

假設 $iA = 1$ 且集流時間為 4 個單位時間，則當降雨延時 t_d 分別為 3、4 與 5 個單位時間，其出流歷線應分別如下表所示：

表 7.3

(1) t		1	2	3	4	5	6	7	8	9
(2) Q	$t_d=3$	1/16	4/16	9/16	15/16	12/16	7/16	0		
	$t_d=4$	1/16	4/16	9/16	1	15/16	12/16	7/16	0	
	$t_d=5$	1/16	4/16	9/16	1	1	15/16	12/16	7/16	0

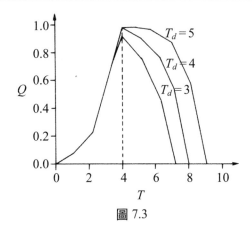

圖 7.3

4

合理化公式 *(rational formula)* 之假設條件為何？（89 水利檢覈）

解答

合理化公式是用以計算小集水區流量之公式，表示為

$$Q_p = c\,\bar{i}\,A$$

式中 Q_p 為尖峰流量；c 為逕流係數；$\bar{i}$ 為降雨延時等於集流時間之平均降雨強度；A 為集水區面積。其假設條件有：

1. 降雨均勻分佈在集水區上。
2. 降雨延時須等於集流時間。
3. 流量之重現期等於降雨強度之重現期。
4. 逕流係數是反應集水區平均降雨損失之無因次係數。　◆

5

分析某停車場修建完畢後所造成之五年頻率之洪峰流量為該區域原來為草地時之洪峰流量的幾倍？請使用合理化公式推估。假設草地之 C 值為 0.6，草地之水流速度為 $0.1\,m/s$；停車場之 C 值為 1，停車場之水流速度為 $0.2\,m/s$。排水口位於長邊的中點，水流方向如圖示，此地區降雨之 *IDF* 曲線見附圖。（87 中央土木）

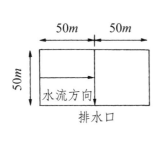

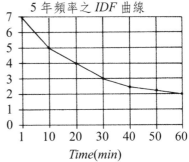

解答

水流在停車場內最長之路徑為 $100\,m$ ，因此草地與停車場之集流時間分別為

$$t_c = \frac{L}{V}$$

$$t_c = \frac{100}{0.1} = 1000 \ s = 16.7\,min$$

$$t'_c = \frac{100}{0.2} = 500 \ s = 8.3\,min$$

以集流時間查 5 年頻率之 *IDF* 曲線，得降雨強度：草地為 $4.3\,cm/hr$、停車場為 $5.4\,cm/hr$，則停車場修建完畢後，洪峰流量所增加之倍數為

$$\frac{Q'_p}{Q_p} = \frac{C'I'A}{CIA} = \frac{1 \times 5.4}{0.6 \times 4.3} = 2.09$$

◆

6

有一新闢社區，面積為 $0.85\,km^2$ ，若區內平均坡度為 0.006，今擬設計一能排除復現期為 25 年之排水溝渠，而據以往數據分析，25 年復現期之最大雨深與延時關係，以及全區土地之使用狀況對應之逕流係數如表一、表二，倘區內水流最長行經距離為 $950\,m$，且集流時間可按下式（*Kirpich* 公式）計算，試以合理法公式 (*Rational formula*) 推求 25 年復現期之尖峰流量（以 *cms* 表之）？（85 水利專技）

表一						
延時(*min*)	5	10	20	30	40	60
最大雨深(*mm*)	17	26	40	50	57	62

$t_c\,(min) = 0.01947\,(L/S^{0.5})^{0.77}$ *L* 單位為 *m*

表二		
土地利用	面積(*ha*)	逕流係數
道路	8	0.17
草地	17	0.10
住宅區	50	0.30
商業區	10	0.80

$1\,ha = 10^{-2}\,Km^2$

解答

該社區之平均逕流係數為

$$C = \frac{\sum C_i A_i}{A}$$

$$= \frac{8 \times 0.17 + 17 \times 0.1 + 50 \times 0.3 + 10 \times 0.8}{8 + 17 + 50 + 10} = 0.307$$

集流時間為

$$t_c = 0.01947 \left(\frac{L}{S^{0.5}} \right)^{0.77}$$

$$= 0.01947 \left(\frac{950}{0.006^{0.5}} \right)^{0.77} = 27.4 \ min$$

由表一尋求延時等於集流時間之最大雨深

$$P = 40 + (50 - 40) \times \frac{27.4 - 20}{30 - 20} = 47.4 \ mm$$

$$i = \frac{P}{t}$$

$$= \frac{47.4}{27.4} = 1.73 \ mm/min$$

因此新闢社區之尖峰流量為

$$Q_p = CiA$$

$$= 0.307 \times 1.73 \times 0.85 \cdot \frac{10^6}{10^3 \times 60} = 7.5 \ m^3/s$$

◆

7

某擬開發之新市鎮面積有 $20 \ km^2$，其中住宅區有 $9 \ km^2$，商業區有 $7 \ km^2$，$4 \ km^2$ 為綠地，已知各區之逕流係數如下表，假設雨水由該新市鎮之最遠端到達擬規劃興建之下水道入口需時 $10 \ min$，而下水道長為 $3000 \ m$，其設計流速為 $1.5 \ m/sec$，若雨量強度 i 可按右式：$i \ (mm/hr) = 1851 / [\ t \ (min) + 19\ ]^{0.7}$ 計算，試以合理法公式推求下水道出口之尖峰流量（cms）？（89 成大水利）

地目	住宅區	商業區	綠地
逕流係數	0.4	0.7	0.2

提示：$Q_p = C \times i \times A$ 　　$C = \dfrac{\sum c_i \times a_i}{\sum a_i}$

解答

逕流係數平均值為

$$C = \frac{\sum c_i \times a_i}{\sum a_i}$$
$$= \frac{0.4 \times 9 + 0.7 \times 7 + 0.2 \times 4}{20} = 0.465$$

集流時間為

$$t_c = 10 + \frac{3000}{1.5} \cdot \frac{1}{60} = 43.3 \ min$$

降雨延時等於集流時間之平均降雨強度為

$$i = \frac{1851}{(t+19)^{0.7}}$$
$$= \frac{1851}{(43.3+19)^{0.7}} = 102.6 \ mm/hr$$

尖峰流量為

$$Q_p = CiA$$
$$= 0.465 \times 102.6 \times 20 \cdot \frac{10^6}{10^3 \times 3600} = 265 \ m^3/s$$

◆

8#

如圖示，假想之扇形集水區，其主要河川長度 $L_0 = 10 \ km$，平均河川坡度 $s = 0.005$，降雨強度（i，mm/hr）-延時（t，$mins$）-頻率（T，$years$）關

係可表示如下：

$$i = \frac{25T^{0.45}}{(t+3)^{0.65}}$$

且集流時間（t_c，hrs）可表示如：

$$t_c = 0.005\left(\frac{L_0}{\sqrt{s}}\right)^{0.64} \quad (L_0：m；s：\%)$$

試求：㈠該集水區之密集度 c、圓比值 M 及細長比 E。

　　　㈡假設該集水區之平均逕流係數 $C_r = 0.6$，該地區 50 年及 5 年重現期距洪水之設計流量。（89 水利專技）

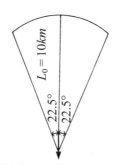

解答

集水區之周長為

$$P = 2 \times 10 + 2 \times \pi \times 10 \times \frac{45°}{360°} = 27.854 \; km$$

集水區之面積為

$$A = \pi \times 10^2 \times \frac{45°}{360°} = 39.27 \; km^2$$

㈠密集度為

$$C = \frac{與集水區面積相等之圓的周長}{集水區周長}$$

$$C = \frac{2\pi r}{P} = \frac{2\pi \sqrt{\frac{A}{\pi}}}{P} = \frac{2 \times \pi \sqrt{\frac{39.27}{\pi}}}{27.854} = 0.7975$$

圓比值為

$$M = \frac{集水區面積}{與集水區周長相等之圓的面積}$$

$$M = \frac{A}{\pi r^2} = \frac{A}{\pi \left(\frac{P}{2\pi}\right)^2} = \frac{39.27}{\pi \left(\frac{27.854}{2 \times \pi}\right)^2} = 0.6361$$

細長比為

$$E = \frac{與集水區面積相等之圓的直徑}{集水區最大長度}$$

$$E = \frac{2r}{L_0} = \frac{2\sqrt{\frac{A}{\pi}}}{L_0} = \frac{2\sqrt{\frac{39.27}{\pi}}}{10} = 0.7071$$

(二)集水區之集流時間為

$$t_c = 0.005 \left(\frac{L_0}{\sqrt{s}}\right)^{0.64}$$

$$= 0.005 \left(\frac{10000}{\sqrt{0.005}}\right)^{0.64} = 9.892 \ hr = 593.5 \ min$$

重現期為 50 年之降雨強度與設計流量分別為

$$i = \frac{25T^{0.45}}{(t+3)^{0.65}}$$

$$i_{50} = \frac{25 \times 50^{0.45}}{(593.5+3)^{0.65}} = 2.28 \ mm/hr$$

$$Q = CiA$$

$$Q_{50} = 0.6 \times 2.28 \times 39.27 \cdot \frac{10^6}{10^3 \times 3600} = 14.9 \ m^3/s$$

重現期為 5 年之降雨強度與設計流量則分別為

$$i_5 = \frac{25 \times 5^{0.45}}{(593.5+3)^{0.65}} = 0.81 \ mm/hr$$

$$Q_5 = 0.6 \times 0.81 \times 39.27 \cdot \frac{10^6}{10^3 \times 3600} = 5.3 \ m^3/s$$　　　◆

9

某流域內經由連續三場有效降雨延時皆為 1 小時之有效雨量為 0.6、
1.8、1.2*cm* 所形成之直接逕流量如下：

時間 t，hr	0	1	2	3	4	5	6	7	8	9	10
直接逕流量 $DR(t)$，cms	0	18	90	174	186	150	114	78	42	12	0

如將此三場總有效雨量 3.6 *cm* 視為一場 3 小時之均勻有效降雨，則其
形成之直接逕流量 $DR(t)$ 將變為何？（89 中原土木）

解答

　　表中第(1)與第(2)欄位為已知，其餘欄位之分析步驟如下所述：

表 7.9

(1) 時間 (hr)	(2) $DR(t)$ (m^3/s)	(3) $0.6u_1(t)$ (m^3/s)	(4) $1.8u_1(t-1)$ (m^3/s)	(5) $1.2u_1(t-2)$ (m^3/s)	(6) $u_1(t)$ (m^3/s)	(7) $u_3(t)$ (m^3/s)	(8) $DR_3(t)$ (m^3/s)
0	0	$0.6u_1(0)$			0	0	0
1	18	$0.6u_1(1)$	$1.8u_1(0)$		30	10	36
2	90	$0.6u_1(2)$	$1.8u_1(1)$	$1.2u_1(0)$	60	30	108
3	174	$0.6u_1(3)$	$1.8u_1(2)$	$1.2u_1(1)$	50	47	169
4	186	$0.6u_1(4)$	$1.8u_1(3)$	$1.2u_1(2)$	40	50	180
5	150	$0.6u_1(5)$	$1.8u_1(4)$	$1.2u_1(3)$	30	40	144
6	114	$0.6u_1(6)$	$1.8u_1(5)$	$1.2u_1(4)$	20	30	108
7	78	$0.6u_1(7)$	$1.8u_1(6)$	$1.2u_1(5)$	10	20	72
8	42	$0.6u_1(8)$	$1.8u_1(7)$	$1.2u_1(6)$	0	10	36
9	12		$1.8u_1(8)$	$1.2u_1(7)$		3	11
10	0			$1.2u_1(8)$		0	0

1. 假設 1 小時單位歷線為 $u_1(t)$，則三場降雨所貢獻的直接逕流量分別為 $0.6u_1(t)$、$1.8u_1(t-1)$ 與 $1.2u_1(t-2)$，列於表中第(3)、第(4)與第(5)欄位；

2. 第(6)欄位是經由下式逐步計算的 1 小時單位歷線

$$u_1(t) = [DR(t) - 1.8u_1(t-1) - 1.2u_1(t-2)]/0.6；$$

3. 第(7)欄位則是以稽延法將 $u_1(t)$ 轉換成 $u_3(t)$

$$u_3(t) = [u_1(t) + u_1(t-1) + u_1(t-2)]/3；$$

4. 一場 3 小時均勻有效降雨所形成之直接逕流量即為

$$DR_3(t) = 3.6u_3(t)$$

列於表中第(8)欄位。 ◆

10

某線性水文系統之輸入函數為 2, 6, 1，其輸出函數為 0, 4, 14, 8, 1, 0，試以矩陣 (*matrix*) 法推求其核心函數 (*kernel function*)。（85 水利檢覈）

解答

已知輸入函數（降雨量）與輸出函數（逕流量）分別為

$$[P] = \begin{bmatrix} 2 & 0 & 0 & 0 \\ 6 & 2 & 0 & 0 \\ 1 & 6 & 2 & 0 \\ 0 & 1 & 6 & 2 \\ 0 & 0 & 1 & 6 \\ 0 & 0 & 0 & 1 \end{bmatrix}$$

$$[Q] = \begin{bmatrix} 0 \\ 4 \\ 14 \\ 8 \\ 1 \\ 0 \end{bmatrix}$$

轉移矩陣等函數則為

$$[P]^T = \begin{bmatrix} 2 & 6 & 1 & 0 & 0 & 0 \\ 0 & 2 & 6 & 1 & 0 & 0 \\ 0 & 0 & 2 & 6 & 1 & 0 \\ 0 & 0 & 0 & 2 & 6 & 1 \end{bmatrix}$$

$$[P]^T[P] = \begin{bmatrix} 41 & 18 & 2 & 0 \\ 18 & 41 & 18 & 2 \\ 2 & 18 & 41 & 18 \\ 0 & 2 & 18 & 41 \end{bmatrix}$$

$$\left([P]^T[P] \right)^{-1} = \begin{bmatrix} \dfrac{14495}{462351} & -\dfrac{2558}{154117} & \dfrac{3094}{462351} & -\dfrac{328}{154117} \\ -\dfrac{2558}{154117} & \dfrac{18491}{462351} & -\dfrac{3034}{154117} & \dfrac{3094}{462351} \\ \dfrac{3094}{462351} & -\dfrac{3034}{154117} & \dfrac{18491}{462351} & -\dfrac{2558}{154117} \\ -\dfrac{328}{154117} & \dfrac{3094}{462351} & -\dfrac{2558}{154117} & \dfrac{14495}{462351} \end{bmatrix}$$

由於輸出函數可表示為

$$[Q] = [P][U]$$

因此核心函數（單位歷線）為

$$[U] = \left([P]^T[P] \right)^{-1} [P]^T[Q]$$

$$[U] = \begin{bmatrix} 0 \\ 2 \\ 1 \\ 0 \end{bmatrix}$$

11

某流域的有效雨量為 $1/2\ cm/hr$，歷時 6 小時，其直接逕流歷線如下表所示：

時間 (hr)	0	1	2	3	4	5	6	7	8	9	10	11
流量 (cms)	0	20	60	140	200	160	120	80	60	40	10	0

(一)求 6 小時單位歷線。

(二)求該流域面積 (km^2)。（86 水利專技）

解答

(一)有效降雨為 $P_e = 0.5 \times 6 = 3\ cm$，將直接逕流歷線除以 3 即為 6 小時單位歷線

表 7.11

時間 (hr)	0	1	2	3	4	5	6	7	8	9	10	11
$U_6(t)\ (m^3/s)$	0	6.7	20.0	46.7	66.7	53.3	40.0	26.7	20.0	13.3	3.3	0

(二)該流域之面積為

$$A = \frac{(0+20+60+140+200+160+120+80+60+40+10+0)}{3} \cdot \frac{3600}{0.01}$$
$$= 106800000\ m^2 = 106.8\ km^2$$

◆

12

由某流域過去最大洪水記錄知其 3 小時之最大總降雨量為 120 mm，入滲指數 $\Phi = 5\ mm/hr$。下圖為其由 1 小時有效降雨延時及 1 cm 超滲降雨所形成之單位歷線 $U(1, t)$，試求：

(一)該流域之面積，以 km^2 表示。

(二)該流域由 3 小時最大降雨所形成之洪水歷線及洪峰流量。

假設河川之基流量為 30 *cms*。（88 水保工程高考三級）

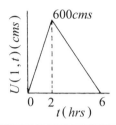

解答

(一)該流域之面積為

$$A = \frac{6 \times 600}{2} \cdot \frac{3600}{0.01} = 648000000 \ m^2 = 648 \ km^2$$

(二)降雨強度與有效降雨分別為

$$i = \frac{12}{3} = 4 \ cm/hr$$

$$i_e = i - \phi = 4 - 0.5 = 3.5 \ cm/hr$$

洪水歷線如下表所示，洪峰流量為 4755 m^3/s。

表 7.12

(1) 時間 (*hr*)	(2) $u_1(t)$ (m^3/s)	(3) $3.5u_1(t)$ (m^3/s)	(4) $3.5u_1(t-1)$ (m^3/s)	(5) $3.5u_1(t-2)$ (m^3/s)	(6) 基流量 (m^3/s)	(7) 洪水歷線 (m^3/s)
0	0	0			30	30
1	300	1,050	0		30	1,080
2	600	2,100	1,050	0	30	3,180
3	450	1,575	2,100	1,050	30	4,755
4	300	1,050	1,575	2,100	30	4,755
5	150	525	1,050	1,575	30	3,180
6	0	0	525	1,050	30	1,605
7			0	525	30	555
8				0	30	30

13

圖為某一集水區由 $1\ cm$ 有效降雨及 $1\ hour$ 延時所形成之單位歷線，$U(1,t)$。今有兩場降雨降落於該集水區上，第一場降雨之雨量為 $5.8\ cm$，延時為 2 小時，雨中斷 1 小時後，又降下第二場雨，其雨量為 $3.9\ cm$，延時為 1 小時。假設該集水區之 Φ 指數為 $0.9\ cm/hr$，河川之基流量為 $10\ cms$，試求：

㈠該集水區之面積，以平方公里表示。

㈡兩場降雨降落於該集水區之平均逕流係數 C。

㈢由該二場降雨所形成之河川流量歷線 $Q(t)$。（84 水利專技）

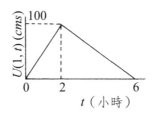

解答

㈠該集水區之面積為

$$A = \frac{6 \times 100}{2} \cdot \frac{3600}{0.01} = 108000000\ m^2 = 108\ km^2$$

㈡兩場降雨之降雨強度與有效降雨分別為

$$i_1 = \frac{5.8}{2} = 2.9\ cm/hr$$

$$i_{e1} = i_1 - \phi = 2.9 - 0.9 = 2\ cm/hr$$

$$i_2 = \frac{3.9}{1} = 3.9\ cm/hr$$

$$i_{e2} = 3.9 - 0.9 = 3\ cm/hr$$

逕流係數為

$$C = \frac{2 \times 2 + 3 \times 1}{5.8 + 3.9} = 0.72$$

㈢河川流量歷線如表所示。

表 7.13

(1) 時間 (hr)	(2) i_e (cm/hr)	(3) $u_1(t)$ (m^3/s)	(4) $2u_1(t)$ (m^3/s)	(5) $2u_1(t-1)$ (m^3/s)	(6) $3u_1(t-3)$ (m^3/s)	(7) 基流量 (m^3/s)	(8) 流量 (m^3/s)
0	-	0	0			10	10
1	2	50	100	0		10	110
2	2	100	200	100		10	310
3	-	75	150	200	0	10	360
4	3	50	100	150	150	10	410
5		25	50	100	300	10	460
6		0	0	50	225	10	285
7				0	150	10	160
8					75	10	85
9					0	10	10

◆

14

某集水區 2 hr 降雨所造成之三角形單位歷線的時間基期為 4 hr，歷線上昇段為 1 hr，歷線尖峰為 0.5 cm。若此集水區發生兩場延時均為 2 hr，總降雨量先後分別為 1.0 cm 與 4.0 cm 之暴雨，且此兩場暴雨中間停歇 1 hr。若此集水區之平均入滲損失為 0.5 cm/hr，試繪圖表示此集水區之總逕流歷線。（88 海大河工）

解答

兩場暴雨之有效降雨分別為

$$P_{e1} = 1 - 0.5 \times 2 = 0 \ cm$$
$$P_{e2} = 4 - 0.5 \times 2 = 3 \ cm$$

總逕流歷線如表所示。

表 7.14

(1) 時間 (hr)	(2) i_e (cm/hr)	(3) $u_2(t)$ (cm/hr)	(4) $0u_2(t)$ (cm/hr)	(5) $3u_2(t-3)$ (cm/hr)	(6) 逕流歷線 (cm/hr)
0	-	0	0		0
1	0	0.5	0		0
2	0	0.33	0		0
3	-	0.17	0	0	0
4	1.5	0	0	1.5	1.5
5	1.5			0.99	0.99
6				0.51	0.51
7				0	0

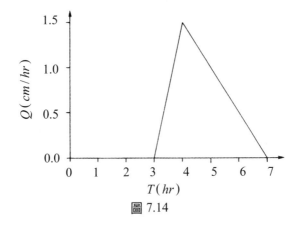

圖 7.14

15

某集水區，其延時二小時，$10 \ mm$ 有效降雨之單位歷線如下表所示：

時間（小時）	0	1	2	3	4	5	6
單位歷線 $U(2,t), cms$	0	5	30	40	20	5	0

若此集水區有一場暴雨，其有效降雨量為 $30 \ mm$，延時為 3 小時，若此有效降雨在空間與時間分布上係均勻一致的，試計算此有效降雨所形成之直接逕流。（83 水保檢覈）

解答

直接逕流歷線如表所示，其中

$$u_3(t) = \frac{2}{3} \left[s_2(t) - s_2(t-3) \right]$$
$$Q(t) = 3 \times u_3(t)$$

表 7.15

(1) 時間 (hr)	(2) $u_2(t)$ (m^3/s)	(3) $s_2(t)$ (m^3/s)	(4) $s_2(t-3)$ (m^3/s)	(5) $u_3(t)$ (m^3/s)	(6) $Q(t)$ (m^3/s)
0	0	0		0	0
1	5	5		3.3	9.9
2	30	30		20.0	60.0
3	40	45	0	30.0	90.0
4	20	50	5	30.0	90.0
5	5	50	30	13.3	39.9
6	0	50	45	3.3	9.9
7		50	50	0	0

16

某集水區發生一場延時 4 小時之均勻降雨，降雨強度為 $1\ cm/hr$，若入滲率可依荷頓氏 (*Horton*) 公式表示為：

$$f(t) = f_c + (f_0 - f_c)\,e^{-kt}$$

式中，$f_0 = 1\ cm/hr$，$f_c = 0$，$k = 8\ hr^{-1}$，t：hrs。

又假設該地區之瞬時單位歷線可表示為：

$$U(0,t) = \lambda e^{-\lambda t}, \quad \lambda = 0.5\ hr^{-1}$$

試計算該集水區於 $t = 3\ hr$ 之地表逕流量，以 cm/hr 表示。（82 水利中央簡任升等考試）

解答

由 *Horton* 入滲公式計算得知，入滲率 $f(0) = 1\ cm/hr$ 且 $f(1) = 3.35 \times 10^{-4}\ cm/hr$，此後各時刻的入滲率都已非常地小，故只需考慮 $t = 0\ hr \sim 1\ hr$ 之間的平均入滲率 $\bar{f} = 0.5\ cm/hr$，演算過程如下表所示，其中

$$u_1(t) = \frac{1}{2}\left[u_0(t) + u_0(t-1)\right]$$

由表中得知，集水區 $t = 3\ hr$ 之地表逕流量為 $0.9692\ cm/hr$。

表 7.16

(1) 時間 (hr)	(2) i_e (cm/hr)	(3) $u_0(t)$ (cm/hr)	(4) $u_0(t-1)$ (cm/hr)	(5) $u_1(t)$ (cm/hr)	(6) $0.5u_1(t)$ (cm/hr)	(7) $u_1(t-1)$ (cm/hr)	(8) $u_1(t-2)$ (cm/hr)	(9) $u_1(t-3)$ (cm/hr)	(10) DR (cm/hr)
0	-	0.5000	0	0.2500	0.1250				0.1250
1	0.5	0.3033	0.5000	0.4017	0.2009	0.2500			0.4509
2	1	0.1839	0.3033	0.2436	0.1218	0.4017	0.2500		0.7735
3	1	0.1116	0.1839	0.1478	0.0739	0.2436	0.4017	0.2500	0.9692
4	1	0.0677	0.1116	0.0897	0.0449	0.1478	0.2436	0.4017	0.8380
5		0.0410	0.0677	0.0544	0.0272	0.0897	0.1478	0.2436	0.5083
6		0.0249	0.0410	0.0330	0.0165	0.0544	0.0897	0.1478	0.3084
7		0.0151	0.0249	0.0200	0.0100	0.0330	0.0544	0.0897	0.1871
8		0.0092	0.0151	0.0122	0.0061	0.0200	0.0330	0.0544	0.1135

◆

17

某集水區由 1 公分有效降雨及 3 小時延時所形成之單位歷線，$U(3,t)$
如下：

時間 (hrs)	0	1	2	3	4	5	6	7	8	9	10
$U(3,t)$ (cms)	0	2	7	17	33	42	39	25	11	4	0

試求：㈠該集水區之面積，以公頃表示。

㈡設該集水區降下一場延時為 4 小時之雨量，其第 1 小時之降
雨強度為 2.5 cm/hr，第 2、3 及 4 小時之降雨強度均為
3.5 cm/hr，且已知入滲 Φ 指數為 5 mm/hr，河川基流量為
20 cms，試計算該集水區由於該場降雨所形成之逕流歷線。
（81 水利專技）

解答

(一)集水區面積為

$$A = (0+2+7+17+33+42+39+25+11+4+0) \cdot \frac{3600}{0.01}$$
$$= 64800000 \ m^2 = 6480 \ ha^2$$

(二)第 1 小時之有效降雨為 $2.5 - 0.5 = 2 \ cm$，第 2、3 及 4 小時之有效降雨為 $3(3.5 - 0.5) = 9 \ cm$。逕流歷線如下表所示，其中

$$u_1(t) = \frac{3}{1}[s_3(t) - s_3(t-1)]$$

表 7.17

(1) 時間 (hr)	(2) $u_3(t)$ (m^3/s)	(3) $s_3(t)$ (m^3/s)	(4) $s_3(t-1)$ (m^3/s)	(5) $u_1(t)$ (m^3/s)	(6) $2u_1(t)$ (m^3/s)	(7) $9u_3(t-1)$ (m^3/s)	(8) 基流 (m^3/s)	(9) 逕流歷線 (m^3/s)
0	0	0		0	0		20	20
1	2	2	0	6	12	0	20	32
2	7	7	2	15	30	18	20	68
3	17	17	7	30	60	63	20	143
4	33	35	17	54	108	153	20	281
5	42	49	35	42	84	297	20	401
6	39	56	49	21	42	378	20	440
7	25	60	56	12	24	351	20	395
8	11	60	60	0	0	225	20	245
9	4	60	60			99	20	119
10	0	60	60			36	20	56
11		60	60			0	20	20

18

經過 40 年轉變，某一農業集水區漸次都市化。在都市化前，該集水

區之平均降雨損失為 5 *mm/hr*；都市化後，降雨平均損失減為 2 *mm/hr*。假設該集水區都市化前後之 1 *cm* 超滲降雨及 1 小時有效降雨延時之單位歷線 $U(1,t)$ 如下：

160 *cms*

3 *hrs* 6 *hrs*

A. 都市化前

240 *cms*

2 *hrs* 4 *hrs*

B. 都市化後

試求：㈠該集水區之面積，以 *km²* 表示。

㈡在已知臨前水文條件下，該區都市化前後之逕流係數。

㈢設有二場降雨落於該區，第一場降雨延時為 3 小時，降雨 6 *cm*，中斷 2 小時後，又降下第二場雨，其延時為 2 小時，雨量為 4 *cm*。假設均勻之降雨損失率，且河川之基流量為 20*cms*，試分別推求都市化前後該區之洪水歷線。（83 水保專技）

解答

㈠集水區之面積為

$$A = \frac{9 \times 160}{2} \cdot \frac{3600}{0.01} = 259200000 \ m^2 = 259.2 \ km^2$$

㈡都市化前後之平均降雨損失分別為 5 *mm/hr* 以及 2 *mm/hr*，因此在同為 1 *cm* 超滲降雨的情況下，其逕流係數分別為

$$C = \frac{10}{10+5} = 0.67$$

$$C' = \frac{10}{10+2} = 0.83$$

㈢都市化前，兩場降雨之有效雨量分別為

$$P_{e1} = 6 - 0.5 \times 3 = 4.5 \ cm$$

$$i_{e1} = 4.5/3 = 1.5 \ cm/hr$$

$$P_{e2} = 4 - 0.5 \times 2 = 3.0 \ cm$$

$$i_{e2} = 3/2 = 1.5 \ cm/hr$$

逕流歷線如表 7.18.1 所示。

表 7.18.1

(1) 時間 (hr)	(2) $u_1(t)$ (m^3/s)	(3) $1.5u_1(t)$ (m^3/s)	(4) $1.5u_1(t-1)$ (m^3/s)	(5) $1.5u_1(t-2)$ (m^3/s)	(6) $1.5u_1(t-5)$ (m^3/s)	(7) $1.5u_1(t-6)$ (m^3/s)	(8) 基流 (m^3/s)	(9) $Q(t)$ (m^3/s)
0	0.0	0					20	20.0
1	53.3	80.0	0				20	100.0
2	106.7	160.1	80.0	0			20	260.1
3	160.0	240.0	160.1	80.0			20	500.1
4	133.3	200.0	240.0	160.1			20	620.1
5	106.7	160.1	200.0	240.0	0		20	620.1
6	80.0	120.0	160.1	200.0	80.0	0	20	580.1
7	53.3	80.0	120.0	160.1	160.1	80.0	20	620.2
8	26.7	40.1	80.0	120.0	240.0	160.1	20	660.2
9	0.0	0	40.1	80.0	200.0	240.0	20	580.1
10			0	40.1	160.1	200.0	20	420.2
11				0	120.0	160.1	20	300.1
12					80.0	120.0	20	220.0
13					40.1	80.0	20	140.1
14					0	40.1	20	60.1
15						0	20	20.0

都市化後，兩場降雨之有效雨量分別為

$$P_{e1} = 6 - 0.2 \times 3 = 5.4 \ cm$$

$$i_{e1} = 5.4/3 = 1.8 \ cm/hr$$

$$P_{e2} = 4 - 0.2 \times 2 = 3.6 \ cm$$

$$i_{e2} = 3.6/2 = 1.8 \ cm/hr$$

逕流歷線如表 7.18.2 所示。

表 7.18.2

(1) 時間 (hr)	(2) $u_1(t)$ (m^3/s)	(3) $1.8u_1(t)$ (m^3/s)	(4) $1.8u_1(t-1)$ (m^3/s)	(5) $1.8u_1(t-2)$ (m^3/s)	(6) $1.8u_1(t-5)$ (m^3/s)	(7) $1.8u_1(t-6)$ (m^3/s)	(8) 基流 (m^3/s)	(9) $Q(t)$ (m^3/s)
0	0	0					20	20
1	120	216	0				20	236
2	240	432	216	0			20	668
3	180	324	432	216			20	992
4	120	216	324	432			20	992
5	60	108	216	324	0		20	668
6	0	0	108	216	216	0	20	560
7			0	108	432	216	20	776
8				0	324	432	20	776
9					216	324	20	560
10					108	216	20	344
11					0	108	20	128
12						0	20	20

◆

19

何謂瞬時單位歷線？並說明各種推求瞬時單位歷線的方法。（82 水利
高考一級）

解答

瞬時單位歷線定義為 1 單位有效降雨在 $t=0$ 瞬間，均勻落於集水區
所產生之直接逕流歷線。其推求方法有：

1. s 歷線法：直接將 s 歷線對時間微分即為瞬時單位歷線

$$u(t) = \frac{d}{dt}[s(t)]$$

2. 拉普拉斯轉換法：於 t 時刻之流量可以摺合積分表示為

$$Q(t) = \int_0^t i(\tau)u(t-\tau)\,d\tau$$

式中 $i(\tau)$ 為 τ 時刻之有效降雨強度；$u(t-\tau)$ 為時間軸向後挪移 τ 時刻之瞬時單位歷線。經由拉普拉斯轉換（*Laplace transform*）即可求得瞬時單位歷線

$$u(t) = L^{-1}\left\{\frac{L[Q(t)]}{L[i(t)]}\right\}$$

3. 線性水庫：將集水區視為 n 個串連線性水庫，假設每一水庫之出流量 $Q(t)$ 與水庫之蓄水量 $S(t)$ 成線性正比 $S = KQ$，配合連續方程式即可得到瞬時單位歷線

$$Q_n(t) = \frac{t^{n-1}}{K^n(n-1)!}e^{-\frac{t}{K}}$$

4. 時間-面積法：應用等時線繪製時間-面積圖，經過適當的單位轉換，將此圖視為線性水庫之入流歷線，再經過一個線性水庫演算後之出流歷線，即為瞬時單位歷線。演算方式為

$$Q_2 = C_0 I_2 + C_1 I_1 + C_2 Q_1$$
$$C_0 = C_1 = \frac{\Delta t}{2K + \Delta t}$$
$$C_2 = \frac{2K - \Delta t}{2K + \Delta t}$$

式中 I_1 與 I_2 分別表示 t_1 與 t_2 時刻線性水庫的入流量（即 t_1 與 t_2 時刻之時間-面積柱狀圖值）；Q_1 與 Q_2 分別表示 t_1 與 t_2 時刻線性水庫之出流量；C_0、C_1 與 C_2 為係數。 ◆

20

試推導那徐氏 (*Nash*) 瞬時單位歷線。（88 台大土木，88 中原土木，84 水利高考二級）

解答

那徐氏建議將集水區視為 n 個串連線性水庫，假設每一水庫之出流量 Q 與水庫之蓄水量 S 成線性正比，可表示如下

$$S = KQ$$

式中 S 為蓄水量 $[L^3]$；K 為蓄水係數 $[T]$；Q 為出流量 $[L^3/T]$。

配合水流之連續方程式，可推導得第 1 個線性水庫之出流關係為

$$I_1 - Q_1 = \frac{dS_1}{dt} = K\frac{dQ_1}{dt}$$

式中 I_1、Q_1 與 S_1 分別為第 1 個線性水庫之入流量、出流量與貯蓄量。因遵循瞬時單位歷線之假設，當 $t=0$ 時，$I_1 = S_1 = 1$ 且 $Q_1 = 0$；而 $t>0$ 之後 $I_1 = 0$，所以 $t>0$ 之後的流量關係為

$$\frac{dQ_1}{dt} + \frac{Q_1}{K} = 0$$

$$e^{\frac{t}{K}}\frac{dQ_1}{dt} + e^{\frac{t}{K}}\frac{Q_1}{K} = 0$$

$$\frac{d}{dt}\left(e^{\frac{t}{K}}Q_1\right) = 0$$

$$Q_1 = c_1 e^{-\frac{t}{K}}$$

當 $t=0$ 時，$S_1 = 1 = KQ_1 = Kc_1$，因此 $c_1 = 1/K$，故

$$Q_1 = \frac{1}{K}e^{-\frac{t}{K}}$$

第 1 個線性水庫之出流歷線成為第 2 個水庫的入流歷線，因此

$$Q_1 - Q_2 = K\frac{dQ_2}{dt}$$

$$\frac{dQ_2}{dt} + \frac{Q_2}{K} = \frac{1}{K^2}e^{-\frac{t}{K}}$$

$$e^{\frac{t}{K}}\frac{dQ_2}{dt} + e^{\frac{t}{K}}\frac{Q_2}{K} = \frac{1}{K^2}e^{\frac{t}{K}}e^{-\frac{t}{K}}$$

$$\frac{d}{dt}\left(e^{\frac{t}{K}}Q_2\right) = \frac{1}{K^2}$$

$$Q_2 = \frac{t}{K^2}e^{-\frac{t}{K}} + c_2 e^{-\frac{t}{K}}$$

當 $t=0$ 時，$S_2 = 0 = KQ_2 = Kc_2$，因此 $c_2 = 0$，故

$$Q_2 = \frac{t}{K^2}e^{-\frac{t}{K}}$$

應用歸納法可推導得第 n 個水庫之流出歷線為

$$Q_n = \frac{t^{n-1}}{K^n(n-1)!}e^{-\frac{t}{K}}$$

其中 $(n-1)!$ 為伽傌函數（*gamma function*），故上式亦可表示為

$$Q_n = \frac{t^{n-1}}{K^n\Gamma(n)}e^{-\frac{t}{K}}$$

上式為 1 單位有效降雨於 $t=0$ 瞬間落下，流經 n 個假想的線性水庫所形成之出流歷線，一般稱為線性水庫模式之瞬時單位歷線。　　◆

21

試推導線性水庫中計算 n、K 值之公式。

解答

因為逕流體積假設為 1 單位，故

$$V = \int_0^\infty Q(t)dt = \int_0^\infty I(t)dt = 1$$

瞬時單位歷線之第 m 階動差為

$$M_{Um} = \int_0^\infty t^m U_0(t)\, dt$$

$$= \int_0^\infty t^m \frac{t^{n-1}}{K^n \Gamma(n)} e^{-\frac{t}{K}} dt$$

$$= \frac{K^m}{\Gamma(n)} \int_0^\infty \left(\frac{t}{K}\right)^{n+m-1} e^{-\frac{t}{K}} d\left(\frac{t}{K}\right)$$

$$= \frac{K^m}{\Gamma(n)} \int_0^\infty x^{n+m-1} e^{-x} dx$$

$$= \frac{K^m}{\Gamma(n)} \Gamma(n+m)$$

所以，瞬時單位歷線之第 1 階動差與第 2 階動差分別為

$$M_{U1} = \frac{K}{\Gamma(n)} \Gamma(n+1) = nK$$

$$M_{U2} = \frac{K^2}{\Gamma(n)} \Gamma(n+2) = n(n+1)K^2$$

直接逕流歷線之第 1 階動差為

$$M_{Q1} = \int_0^\infty t Q(t) dt$$

$$= \int_0^\infty t \left[\int_0^t I(t) U_0 (t-\tau) d\tau \right] dt$$

$$= \int_0^\infty \int_\tau^\infty I(\tau) U_0 (t-\tau) t \, dt d\tau$$

$$= \int_0^\infty I(\tau) \left[\int_0^\infty U_0 (\alpha)(\tau+\alpha) d\alpha \right] d\tau$$

$$= \int_0^\infty I(\tau) \left[\tau \int_0^\infty U_0 (\alpha) d\alpha + \int_0^\infty U_0 (\alpha) \alpha d\alpha \right] d\tau$$

$$= \int_0^\infty I(\tau) [\tau + M_{U1}] d\tau$$

$$= \int_0^\infty I(\tau) \tau d\tau + M_{U1} \int_0^\infty I(\tau) d\tau$$

$$= M_{I1} + M_{U1}$$

$$\therefore \quad M_{Q1} - M_{I1} = nK \qquad\qquad (7.21.1)$$

式中 $\alpha = t - \tau$；M_{Q1} 為直接逕流歷線之第 1 階動差；M_{I1} 為有效降雨組體圖之第 1 階動差。而直接逕流歷線之第 2 階動差為

$$M_{Q2} = \int_0^\infty t^2 Q(t) dt$$

$$= \int_0^\infty t^2 \left[\int_0^t I(t) U_0 (t-\tau) d\tau \right] dt$$

$$= \int_0^\infty \int_\tau^\infty I(\tau) U_0 (t-\tau) t^2 dt d\tau$$

$$= \int_0^\infty I(\tau) \left[\int_0^\infty U_0(\alpha)(\tau+\alpha)^2 d\alpha \right] d\tau$$

$$= \int_0^\infty I(\tau) \left[\int_0^\infty U_0(\alpha)(\tau^2 + 2\tau\alpha + \alpha^2) d\alpha \right] d\tau$$

$$= \int_0^\infty I(\tau)(\tau^2 + 2\tau M_{U1} + M_{U2}) d\tau$$

$$= M_{I2} + 2M_{I1}M_{U1} + M_{U2}$$

$$\therefore \quad M_{Q2} - M_{I2} = 2nKM_{I1} + n(n+1)K^2 \qquad (7.21.2)$$

式中 M_{Q2} 為直接逕流歷線之第 2 階動差；M_{I2} 為有效降雨組體圖之第 2 階動差。

因此，當集水區之降雨紀錄與逕流紀錄均為已知時，即可聯立（7.21.1）式與（7.21.2）式而求得 n、k 之值。　　　　　　◆

22

如圖所示，線性水庫輸入 $I_1 = I_2 = 0.5$，線性水庫蓄水常數 $K_1 = K_2 = K$，試推求該二個串連線性水庫之出流歷線 $Q(t)$。（84 水利專技）

解答

假設每一水庫之出流量 Q 與水庫之蓄水量 S 成線性正比，可表示如下

$$S = KQ$$

式中 K 為蓄水係數。則第 1 個線性水庫之出流關係為

$$I_1 - Q_1 = \frac{dS_1}{dt}$$

$$0.5 - Q_1 = \frac{dS_1}{dt} = K\frac{dQ_1}{dt}$$

$$\frac{dQ_1}{dt} + \frac{Q_1}{K} = \frac{0.5}{K}$$

$$e^{\frac{t}{K}}\frac{dQ_1}{dt} + e^{\frac{t}{K}}\frac{Q_1}{K} = e^{\frac{t}{K}}\frac{0.5}{K}$$

$$\frac{d}{dt}\left(e^{\frac{t}{K}}Q_1\right) = e^{\frac{t}{K}}\frac{0.5}{K}$$

$$Q_1 = 0.5 + c_1 e^{-\frac{t}{K}}$$

當 $t = 0$ 時，$Q_1 = 0$，代入上式得 $c_1 = -0.5$，所以

$$Q_1 = 0.5 - 0.5e^{-\frac{t}{K}}$$

而第 2 個線性水庫之出流關係則為

$$(I_2 + Q_1) - Q_2 = \frac{dS_2}{dt}$$

$$\left(0.5 + 0.5 - 0.5e^{-\frac{t}{K}}\right) - Q_2 = \frac{dS_2}{dt} = K\frac{dQ_2}{dt}$$

$$\frac{dQ_2}{dt} + \frac{Q_2}{K} = \frac{1 - 0.5e^{-\frac{t}{K}}}{K}$$

$$e^{\frac{t}{K}}\frac{dQ_2}{dt} + e^{\frac{t}{K}}\frac{Q_2}{K} = e^{\frac{t}{K}}\frac{1 - 0.5e^{-\frac{t}{K}}}{K}$$

$$\frac{d}{dt}\left(e^{\frac{t}{K}}Q_2\right) = \frac{e^{\frac{t}{K}} - 0.5}{K}$$

$$Q_2 = 1 - \frac{0.5t}{K}e^{-\frac{t}{K}} + c_2 e^{-\frac{t}{K}}$$

當 $t = 0$ 時，$Q_2 = 0$，代入上式得 $c_2 = -1$，所以

$$Q_2 = 1 - \frac{0.5t}{K}e^{-\frac{t}{K}} - e^{-\frac{t}{K}}$$

上述 I_1 與 I_2 是假設為持續性輸入，若條件改變為 $t = 0$ 時，$I_1 = 0.5$ 且 $I_2 = 0.5$；而 $t > 0$ 之後，$I_1 = I_2 = 0$，則可依據單位歷線理論之線性疊加原則求解。以線性水庫將瞬時單位歷線表示為

$$Q(t) = \frac{t^{n-1}}{K^n \Gamma(n)}e^{-\frac{t}{K}}$$

因此，由 I_1 所形成之出流歷線為

$$Q_1(t) = 0.5 \times \frac{t^{2-1}}{K^2 \Gamma(2)} e^{-\frac{t}{K}} = 0.5 \frac{t}{K^2} e^{-\frac{t}{K}}$$

由 I_2 所形成之出流歷線則為

$$Q_2(t) = 0.5 \times \frac{t^{1-1}}{K^1 \Gamma(1)} e^{-\frac{t}{K}} = 0.5 \frac{1}{K} e^{-\frac{t}{K}}$$

故此一串連線性水庫之出流歷線為

$$Q(t) = Q_1(t) + Q_2(t) = 0.5 \frac{t}{K^2} e^{-\frac{t}{K}} + 0.5 \frac{1}{K} e^{-\frac{t}{K}}$$ ◆

23

某集水區之面積為 $600\ Km^2$，已知其線性蓄水常數 $K = 2\ hrs$，伽瑪函數因子 $N = 3$，試應用那徐氏（*Nash*）概念水庫模式推求該集水區之瞬時單位歷線 $U(0, t)$ 及 2 小時有效降雨延時所形成之單位歷線 $U(2, t)$。（83 水利金馬地區薦任升等考試）

解答

已知 $N = 3$ 以及 $K = 2hr$，則線性水庫之瞬時單位歷線可表示為

$$\begin{aligned} Q(t) &= \frac{t^{n-1}}{K^n \Gamma(n)} e^{-\frac{t}{K}} \\ &= \frac{t^{3-1}}{2^3 (3-1)!} e^{-\frac{t}{2}} = \frac{t^2}{16} e^{-\frac{t}{2}} \quad cm/hr \end{aligned}$$

瞬時單位歷線與 2 *hr* 單位歷線如下表所示，其中

$$IUH(t) = Q(t) \times 600 \cdot \frac{10^6}{10^2 \times 3600}\ m^3/s$$

$$u_1(t) = \frac{1}{2}[IUH(t) + IUH(t-1)]$$

$$u_2(t) = \frac{1}{2}[u_1(t) + u_1(t-1)]$$

表 7.23

(1) 時間 (hr)	(2) $Q(t)$ (cm/hr)	(3) IUH(t) (m^3/s)	(4) $u_1(t)$ (m^3/s)	(5) $u_2(t)$ (m^3/s)
0	0	0	0	0
1	0.0379	63.2	31.6	15.8
2	0.0920	153.3	108.3	70.0
3	0.1255	209.2	181.3	144.8
4	0.1353	225.5	217.4	199.4
5	0.1283	213.8	219.7	218.6
6	0.1120	186.7	200.3	210.0
7	0.0925	154.2	170.5	185.4
8	0.0733	122.2	138.2	154.4
9	0.0562	93.7	108.0	123.1
10	0.0421	70.2	82.0	95.0
11	0.0309	51.5	60.9	71.5
12	0.0223	37.2	44.4	52.7
13	0.0159	26.5	31.9	38.2
14	0.0112	18.7	22.6	27.3
15	0.0078	13.0	15.9	19.3

24

已知瞬時單位歷線（*Instantaneous Unit Hydrograph*）為 $h(t)=e^{-t} \, mm/hr$，
當降雨強度 $i(t)=2 \, mm/hr$，其中 $0 \le t \le 10 \, hrs$，求 $t=0, 1, 2, 3, 4, 5$ 小時
之流量。（88 淡江水環）

解答

以摺合積分計算流量

$$Q(t)=\int_0^t I(\tau)U(t-\tau)d\tau$$

$$= \int_0^t 2\,e^{-t}d\tau$$
$$= -2e^{-t}\Big|_0^t$$
$$= 2 - 2e^{-t}$$

另外,亦可利用拉普拉斯轉換法求解

$$L[i(t)] = L[2] = \frac{2}{s}$$
$$L[h(t)] = L[e^{-t}] = \frac{1}{s+1}$$
$$L[Q(t)] = \frac{2}{s} \times \frac{1}{s+1} = \frac{2}{s(s+1)}$$
$$Q(t) = L^{-1}\left[\frac{2}{s(s+1)}\right] = 2 - 2e^{-t}$$

各時刻之流量分別為

$$Q(0) = 2 - 2e^{-0} = 0 \; mm/hr$$
$$Q(1) = 2 - 2e^{-1} = 1.26 \; mm/hr$$
$$Q(2) = 2 - 2e^{-2} = 1.73 \; mm/hr$$
$$Q(3) = 2 - 2e^{-3} = 1.90 \; mm/hr$$
$$Q(4) = 2 - 2e^{-4} = 1.96 \; mm/hr$$
$$Q(5) = 2 - 2e^{-5} = 1.99 \; mm/hr$$

◆

25

已知某水庫上游集水區 1 公分超滲降雨之瞬時單位歷線 (*IUH*) 如下表。當該集水區承受一場降雨延時 3 小時,超滲降雨 (*rainfall excess*) 為 6 公分時,試計算該場降雨之直接逕流歷線?及該場降雨為水庫帶進多少逕流量?(87 成大水利)

時間(小時)	0	1	2	3	4	5	6	7	8	9
流量(m^3/sec)	0	10	35	50	40	30	20	10	5	0

解答

表中第(1)與第(2)欄位為已知，直接逕流量如下表所示。其中

$$u_1(t) = \frac{1}{2}[IUH(t) + IUH(t-1)]$$

$$u_3(t) = \frac{1}{3}[u_1(t) + u_1(t-1) + u_1(t-2)]$$

$$Q(t) = 6u_3(t)$$

結果顯示，該場降雨為水庫帶進之逕流量共有

$$0 + 10.2 + 55.2 + 139.8 + 220.2 + 244.8 + 210.0$$
$$+ 150.0 + 94.8 + 49.8 + 19.8 + 4.8 + 0 = 1199.4 m^3/s$$

表 7.25

(1) 時間 (hr)	(2) $IUH(t)$ (m^3/s)	(3) $u_1(t)$ (m^3/s)	(4) $u_3(t)$ (m^3/s)	(5) $Q(t)$ (m^3/s)
0	0	0	0	0
1	10	5.0	1.7	10.2
2	35	22.5	9.2	55.2
3	50	42.5	23.3	139.8
4	40	45.0	36.7	220.2
5	30	35.0	40.8	244.8
6	20	25.0	35.0	210.0
7	10	15.0	25.0	150.0
8	5	7.5	15.8	94.8
9	0	2.5	8.3	49.8
10		0.0	3.3	19.8
11			0.8	4.8
12			0	0

26

某一流域之面積為 $1040\,km^2$，其 9 小時等時線 (Isochrones) 如下表所示。試以集水區演算法 (watershed routing)，推求：

(一)瞬時單位歷線 $U(0, t)$。

(二)3 小時有效降雨延時之單位歷線 $U(3, t)$。

假設該流域之蓄水常數 $k = 8$ 小時及時間稽延 $t_L = 9$ 小時。（88 水利高考三級）

時間 (hrs)	1	2	3	4	5	6	7	8	9
面積 (km^2)	40	100	150	180	160	155	140	80	35

解答

表中第(1)與第(2)欄位為已知，其餘欄位之分析步驟如下所述：

表 7.26

(1) 時間 (hr)	(2) 面積 (km^2)	(3) I (m^3/s)	(4) $C_0 I_2$ (m^3/s)	(5) $C_1 I_1$ (m^3/s)	(6) $C_2 Q_1$ (m^3/s)	(7) $Q_0(t)$ (m^3/s)	(8) $U_1(t)$ (m^3/s)	(9) $U_3(t)$ (m^3/s)
0	0	0	6.6	0	0	0	0	0
1	40	111.1	16.4	6.6	5.8	6.6	3.3	1.1
2	100	277.8	24.6	16.4	25.4	28.8	17.7	7.0
3	150	416.7	29.5	24.6	58.6	66.4	47.6	22.9
4	180	500.0	26.2	29.5	99.4	112.7	89.6	51.6
5	160	444.4	25.4	26.2	136.8	155.1	133.9	90.4
6	155	430.6	22.9	25.4	166.2	188.4	171.8	131.8
7	140	388.9	13.1	22.9	189.2	214.5	201.5	169.1
8	80	222.2	5.7	13.1	198.6	225.2	219.9	197.7
9	35	97.2	0	5.7	191.7	217.4	221.3	214.2
10				0	174.1	197.4	207.4	216.2
11					153.6	174.1	185.8	204.8

12				135.5	153.6	163.9	185.7
13				119.5	135.5	144.6	164.8
14				105.4	119.5	127.5	145.3
15				93.0	105.4	112.5	128.2
16				82.0	93.0	99.2	113.1
17				72.3	82.0	87.5	99.7
18				63.8	72.3	77.2	88.0
19				56.3	63.8	68.1	77.6
20				49.7	56.3	60.1	68.5

1. 時間-面積法之係數為

$$C_0 = C_1 = \frac{\Delta t}{2K + \Delta t} = \frac{1}{2 \times 8 + 1} = 0.059$$
$$C_2 = \frac{2K - \Delta t}{2K + \Delta t} = \frac{2 \times 8 - 1}{2 \times 8 + 1} = 0.882 \;;$$

2. 第(3)欄位為線性水庫之入流量，由面積求得

$$I = A \cdot \frac{10^6}{10^2 \times 3600} \; m^3/s \;;$$

3. 第(7)欄位即為經過 1 個水庫演算後之瞬時單位歷線，計算式為

$$Q_2 = C_0 I_2 + C_1 I_1 + C_2 Q_1 \;;$$

4. 第(8)欄位則為 $U_1(t)$，計算式為

$$U_1(t) = \frac{1}{2} [Q_0(t) + Q_0(t-1)] \;;$$

5. 第(9)欄位則為 $U_3(t)$，計算式為

$$U_3(t) = \frac{1}{3} [U_1(t) + U_1(t-1) + U_1(t-2)] \text{。}$$

◆

27

某一集水區可以兩個長方形地表面與一渠道表示，長方形之長寬為

150m ×100m 與 150m × 50m，渠道長為 150 m，如圖示。假設地表面之水流速度為 1 m/sec，渠道之水流速度為 2 m/sec。試繪製該集水區之瞬時單位歷線。（85 水利省市升等考試）

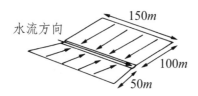

水流方向   150m

100m

50m

解答

該集水區之集流時間為

$$t_c = \frac{L}{V}$$

$$t_c = \frac{100}{1} + \frac{150}{2} = 175 \ s$$

取 $\Delta t = 25 \, sec$ 劃分等時線如圖所示

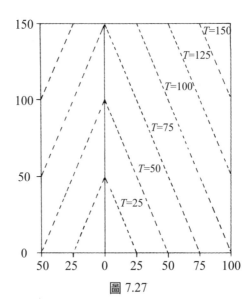

圖 7.27

再以時間-面積法推求瞬時單位歷線如表所示，分析步驟如下：

表 7.27

(1) T (sec)	(2) A (m^2)	(3) I (m^3/s)	(4) $C_0 I_2$ (m^3/s)	(5) $C_1 I_1$ (m^3/s)	(6) $C_2 Q_1$ (m^3/s)	(7) Q(t) (m^3/s)
0	0	0	0.10	0	0	0
25	1,250	0.50	0.30	0.10	0.06	0.10
50	3,750	1.50	0.45	0.30	0.28	0.46
75	5,625	2.25	0.45	0.45	0.62	1.03
100	5,625	2.25	0.30	0.45	0.91	1.52
125	3,750	1.50	0.15	0.30	1.00	1.66
150	1,875	0.75	0.05	0.15	0.87	1.45
175	625	0.25	0	0.05	0.64	1.07
200	0	0		0	0.41	0.69
225					0.25	0.41
250					0.15	0.25
275					0.09	0.15
300					0.05	0.09

1. 依照等時線計算時間-面積圖如表中之第(2)欄位；
2. 表中第(3)欄位為線性水庫之入流歷線，計算式為

$$I = \frac{A}{25 \times 100} \ m^3/s \ ;$$

3. 若 $K = 50 \, sec$，則線性水庫之演算係數為

$$C_0 = C_1 = \frac{25}{2 \times 50 + 25} = 0.2$$

$$C_2 = \frac{2 \times 50 - 25}{2 \times 50 + 25} = 0.6 \ ;$$

4. 瞬時單位歷線列於表中第(7)欄位，計算式為

$$Q_2 = C_0 I_2 + C_1 I_1 + C_2 Q_1 。$$

28

已知某流域面積 $100\ mile^2$，平均坡降 $100\ ft/mile$，河川主流長度 $18\ mile$ ($1mile = 5280\ ft$)，經查該流域之曲線數（ curve number ） $CN = 78$，而稽延時間可以按下式計算

$$t_l = \frac{L^{0.8}(S+1)^{0.7}}{1900 W^{0.5}}$$

其中 t_l：稽延時間（ hr ）；L：主流長度（ ft ）；W：平均坡降 (%)；$S = (1000/CN) - 10$。試利用 SCS 法繪製有效降雨延時為 1.6 小時之單位歷線？（89 水利檢覈）

解答

稽延時間為

$$t_l = \frac{L^{0.8}(S+1)^{0.7}}{1900 W^{0.5}}$$

$$= \frac{(18 \times 5280)^{0.8}\left(\frac{1000}{78} - 10 + 1\right)^{0.7}}{1900 \times \left(\frac{100}{5280} \times 100\%\right)^{0.5}} = 9.4\ hr$$

歷線之尖峰到達時間為

$$t_p = \frac{1}{2}t_d + t_l$$
$$= \frac{1}{2} \times 1.6 + 9.4 = 10.2\ hr$$

歷線之基期時間為

$$t_b = 2.67 t_p$$
$$= 2.67 \times 10.2 = 27.2\ hr$$

歷線之尖峰流量為

$$Q_p = \frac{484A}{t_p}$$

$$= \frac{484 \times 100}{10.2} = 4745 \quad cfs$$

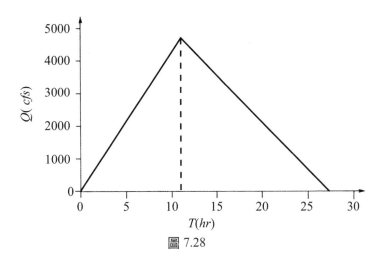

圖 7.28

29#

何謂無因次單位歷線？何謂分佈歷線？

解答

無因次單位歷線（*dimensionless unit hydrograph*）是指以無因次單位之流量與時間所繪製而成的水文歷線，其座標分別為流量與洪峰流量之比值，以及時間與洪峰時間之比值，可由實測之流量歷線、單位歷線或 *s* 歷線求得。理論上，同一集水區之無因次單位歷線完全相同，因此可用以推算任何有效降雨延時的單位歷線，不受延時大小限制為其優點。

分佈歷線（*distribution graph*）是將流量佔歷線總體積的百分比，以及採用 *T* 延時為單位時距所繪製的一種單位歷線。應用方法與單位歷線類似，有時被用以比較不同集水區之逕流特性。　　◆

30#

㈠試參照圖一之設計降雨,以合理化公式計算設計洪峰流量(已知逕流係數為 0.8,流域面積為 $10\ Km^2$,集流時間為 90 分鐘)。

㈡利用圖一之設計降雨和圖二之分佈歷線,繪出其流量歷線。(已知流域面積為 $18\ Km^2$,有效降雨率為 100%)(88 水利中央薦任升等考試)

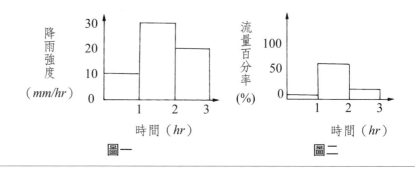

圖一　　　　　　　　　圖二

解答

㈠假設降雨延時等於集流時間,則設計雨型內連續 90 分鐘之平均最大降雨強度為

$$i = \frac{30 \times 60 + 20 \times 30}{90} = 26.7 \quad mm/hr$$

所以洪峰流量為

$$Q_p = CiA$$
$$= 0.8 \times 26.7 \times 10 \cdot \frac{10^6}{10^3 \times 3600} = 59.3 \quad m^3/s$$

㈡分佈歷線之理論與單位歷線類似,只是將流量以百分比表示。因此,$1\ cm/hr$ 降雨所造成的逕流總量為

$$Q_{total} = 1 \times 18 \cdot \frac{10^6}{10^2 \times 3600} = 50 \quad m^3/s$$

將此逕流總量乘以設計降雨條件下之流量百分率，即為該流域的流量歷線，計算過程如下表所示。

表 7.30

(1) 時間 (*hr*)	(2) 降雨強度 (*mm/hr*)	(3) $U(t)$ (%)	(4) $1U(t)$ (%)	(5) $3U(t-1)$ (%)	(6) $2U(t-2)$ (%)	(7) $Q(t)$ (%)	(8) $Q(t)$ (m^3/s)
0	-	0	0			0	0
1	10	10	10	0		10	5
2	30	70	70	30	0	100	50
3	20	20	20	210	20	250	125
4		0	0	60	140	200	100
5				0	40	40	20
6					0	0	0

◆

8

水庫演算與河道演算

1

解釋名詞

(1)洪水演算（*flood routing*）。（80 中原土木）

(2)河川演算（*channel routing*）。（79 中原土木）

(3)馬斯金更法（*Muskingum method*）。（84 中原土木）

(4)水理演算（*hydraulic routing*）。（83 水利檢覈）

解答

(1)洪水演算：根據河川或水庫上游某一點的已知水文歷線，推求下游水文歷線之方法。

(2)河川演算：依據河段上游入流歷線與河段貯蓄量關係式，計算出流歷線的一種洪水演算法。

(3)馬斯金更法：為最常見的河道水文演算法。此法將河道內的洪水貯蓄體積劃分為稜形貯蓄與楔形貯蓄兩個部分。其貯蓄方程式為

$$S = KQ + KX(I - Q)$$

式中 K 為河段之貯蓄常數；X 為權重因子。可將河道出流量表示為

$$Q_2 = C_0 I_2 + C_1 I_1 + C_2 Q_1$$

式中
$$C_0 = \frac{-KX + 0.5\Delta t}{K(1-X) + 0.5\Delta t} ;$$
$$C_1 = \frac{KX + 0.5\Delta t}{K(1-X) + 0.5\Delta t} ;$$
$$C_2 = \frac{K(1-X) - 0.5\Delta t}{K(1-X) + 0.5\Delta t} 。$$

(4)水理演算：是利用水流連續方程式與動量方程式，以求解洪水演算的一種方法。 ◆

2

假設某一水庫溢洪道之出流量（Q）與超出溢洪道頂部水位（H）之關係

為 $Q(CMS) = 100\,H^{1.5}$，H 單位為公尺。當水庫水位在溢洪道頂部時，水庫蓄水面積為 10 平方公里，以後水位每上升一公尺，水庫蓄水面積增加 1.5 平方公里。試求在水庫為滿水位時，下表之入流歷線通過水庫後之洪峰流量。（88 水利專技）

時間（時）	0	2	4	6	8
流量(*CMS*)	0	500	1000	500	0

解答

製作蓄水量與出流量之關係成為表 8.2.1，表中出流量與蓄水量之計算式分別為

$$Q = 100H^{1.5}\ (m^3/s)$$
$$S = \frac{(10 + 1.5H + 10)H}{2} \times 10^6 = (10 + 0.75H)H \times 10^6\ (m^3)$$

以水庫演算法計算通過水庫後之流量，結果如表 8.2.2 所示，通過水庫後之洪峰流量為 126.1 m^3/s。

表 8.2.1

(1) H (m)	(2) Q (m^3/s)	(3) S ($10^6\,m^3$)	(4) $2S/\Delta t + Q$ (m^3/s)
0	0.0	0	0
0.1	3.2	1.01	283.8
0.2	8.9	2.03	572.8
0.3	16.4	3.07	869.2
0.4	25.3	4.12	1,169.7
0.5	35.4	5.19	1,477.1
0.6	46.5	6.27	1,788.2
0.7	58.6	7.37	2,105.8

0.8	71.6	8.48	2,427.2
0.9	85.4	9.61	2,754.8
1.0	100.0	10.75	3,086.1
1.1	115.4	11.91	3,423.7
1.2	131.5	13.08	3,764.8

表 8.2.2

(1) t (hr)	(2) I (m^3/s)	(3) I_1+I_2 (m^3/s)	(4) $2S_1/\Delta t - Q_1$ (m^3/s)	(5) $2S_2/\Delta t + Q_2$ (m^3/s)	(6) Q (m^3/s)
0	0	500	0.0		0.0
2	500	1,500	485.0	500.0	7.5
4	1,000	1,500	1,877.0	1,985.0	54.0
6	500	500	3,150.4	3,377.0	113.3
8	0	0	3,398.2	3,650.4	126.1
10			3,169.8	3,398.2	114.2

◆

3

已知一水庫之入流歷線如下：

時間（時）	0	2	4	6	8	10	12	14	16	18	20	22	24
入流量 *(CMS)*	100	100	200	400	800	1100	1400	1200	800	500	300	200	100

且該水庫之特性可表示如下：

蓄水量 $S(hm^3) = 1.5H^2$　（$1\ hm^3 = 10^6\ m^3$）

出水量 $O(cms) = 500\sqrt{H}$

其中，H 為水庫水深（m）。

假設在零時之水庫起始水深 $H_0 = 0.04\ m$，試演算該水庫之最大水深。

（87 水保工程高考三級）

解答

製作蓄水量與出流量之關係成為表 8.3.1，再從表 8.3.2 完成包爾斯
水庫演算，由此得知水庫最大水深為 2.93*m*。

表 8.3.1

(1) H (m)	(2) Q (m^3/s)	(3) S $(10^6 \, m^3)$	(4) $2S/\Delta t + Q$ (m^3/s)
0.04	100.0	0.0024	100.7
0.5	353.6	0.3750	457.8
1.0	500.0	1.5000	916.7
1.5	612.4	3.3750	1,549.9
2.0	707.1	6.0000	2,373.8
2.5	790.6	9.3750	3,394.8
3.0	866.0	13.5000	4,616.0

表 8.3.2

(1) t (hr)	(2) I (m^3/s)	(3) $I_1 + I_2$ (m^3/s)	(4) $2S_1/\Delta t - Q_1$ (m^3/s)	(5) $2S_2/\Delta t + Q_2$ (m^3/s)	(6) Q (m^3/s)	(7) H (m)
0	100	200	− 99.3		100.0	0.04
2	100	300	− 99.3	100.7	100.0	0.04
4	200	600	− 141.3	200.7	171.0	0.12
6	400	1,200	− 249.1	458.7	353.9	0.50
8	800	1,900	− 61.3	950.9	506.1	1.02
10	1,100	2,500	547.5	1,838.7	645.6	1.67
12	1,400	2,600	1,523.1	3,047.5	762.2	2.32
14	1,200	2,000	2,451.9	4,123.1	835.6	2.79
16	800	1,300	2,740.1	4,451.9	855.9	2.93
18	500	800	2,379.3	4,040.1	830.4	2.76

20	300	500	1,633.3	3,179.3	773.0	2.39
22	200	300	774.3	2,133.3	679.5	1.85
24	100	100	18.3	1,074.3	528.0	1.12

◆

4

設一水庫為垂直蓄水形狀，其蓄水量 S 可表示為水深 H 之函數關係呈 $S = 150H\,(cms-day)$，其中 H 以 m 表示。且出流量由一堰口控制，其出流量 Q 可表示為 $Q = 50H^{\frac{3}{2}}\,(cms)$

(一)試建立一代數關係以表示 $\left(\dfrac{2S}{\Delta t} - Q\right)$ 為 H 之函數形式，$\Delta t = 2\ days$。

(二)利用下表之水庫入流歷線從事水庫演算，並求最大溢洪流量及最大水深，假設起使標高 H 為 $1\ m$。 （85 水利高考三級）

時間 (*days*)	0	2	4	6	8
入流量 (*cms*)	50	300	500	200	40
出流量 (*cms*)	50				

解答

(一)已知 $\Delta t = 2\ days$，故

$$\frac{2S}{\Delta t} - Q = \frac{2 \times 150H}{2} - 50H^{\frac{3}{2}} = 150H - 50H^{\frac{3}{2}}$$

(二)製作蓄水量與出流量之關係成為表 8.4.1，再從表 8.4.2 完成包爾斯水庫演算，表中第(4)欄位可改由上式計算，演算結果得知水庫最大溢洪流量為 380.3 m^3/s 以及水庫最大水深為 3.87 m。

表 8.4.1

(1) H (m)	(2) Q (m^3/s)	(3) S $(m^3/s-day)$	(4) $2S/\Delta t + Q$ (m^3/s)
0.5	17.7	75	92.7
1.0	50.0	150	200.0
1.5	91.9	225	316.9
2.0	141.4	300	441.4
2.5	197.6	375	572.6
3.0	259.8	450	709.8
3.5	327.4	525	852.4
4.0	400.0	600	1,000.0

表 8.4.2

(1) t (day)	(2) I (m^3/s)	(3) I_1+I_2 (m^3/s)	(4) $2S_1/\Delta t - Q_1$ (m^3/s)	(5) $2S_2/\Delta t + Q_2$ (m^3/s)	(6) Q (m^3/s)	(7) H (m)
0	50	350	100		50	1.00
2	300	800	159.9	450	145.1	2.03
4	500	700	199.8	959.9	380.3	3.87
6	200	240	198.9	899.8	350.7	3.66
8	40	40	158.1	438.9	140.4	1.99
10	0	0	99.2	198.1	49.4	0.99

5

水庫之進流歷線如下：

時間 (*days*)	進流量 (*m³/sec*)	時間 (*days*)	進流量 (*m³/sec*)
0	0	6	22
1	10	7	15
2	20	8	10
3	30	9	10
4	35	10	10
5	30		

已 知 時 間 $t=0$ 時，水庫蓄水量為 $50\,m^3/s/day$，出流量為 0，若 $\Delta t=1\,day$，試算出流歷線及其尖峰流量。（84 水利乙等特考）

若蓄水量與出流量之關係如下：

$$Q=\begin{cases} \dfrac{1}{5}\left(\dfrac{2S}{\Delta t}+Q-120\right) & for\ \dfrac{2S}{\Delta t}+Q>120 \\ 0 & otherwise \end{cases}$$

解答

由於蓄水量與出流量之關係為已知，因此可以直接進行包爾斯水庫演算法，出流歷線如下表所示，其尖峰流量為 $25.6\,m^3/s$。

表 8.5

(1) t (*day*)	(2) I (*m³/s*)	(3) I_1+I_2 (*m³/s*)	(4) $2S_1/\Delta t - Q_1$ (*m³/s*)	(5) $2S_2/\Delta t + Q_2$ (*m³/s*)	(6) Q (*m³/s*)
0	0	10	100.0		0.0
1	10	30	110.0	110.0	0.0
2	20	50	132.0	140.0	4.0
3	30	65	157.2	182.0	12.4
4	35	65	181.4	222.2	20.4
5	30	52	195.8	246.4	25.3
6	22	37	196.6	247.8	25.6

7	15	25	188.2	233.6	22.7
8	10	20	176.0	213.2	18.6
9	10	20	165.6	196.0	15.2
10	10	10	159.4	185.6	13.1

◆

6

如下圖 *a* 所示之小集水區出口處有一地下暴雨滯留池（*underground detention pond*）。今假設有一如圖 *b* 之設計暴雨發生，且該集水區之入滲容量（*infiltration capacity*）如圖 *c* 所示，一小時延時 1 公分有效降雨所形成之單位歷線如圖 *d* 所示，暴雨滯留池之構造如圖 *e* 所示。試問在該設計暴雨狀況下，滯留池中之最高水深為若干（假設暴雨發生前滯留池中之水深為 0）？（86 台大農工）

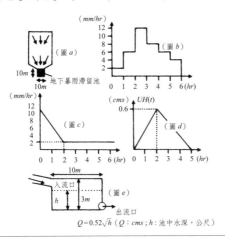

解答

假設累積雨量大於累積入滲量後，才會產生直接逕流，觀察圖 *b* 與圖 *c*，得知設計暴雨在 $t = 3\ hr$ 開始降雨強度大於入滲率，此時累積入滲量為 14 *mm*，因此有效降雨為（2＋6＋12）－14＝6 *mm*，各時刻有效降雨列於表 8.6.1 中之第(2)欄位，利用單位歷線即可計算小集水

區的出流量。

表 8.6.1

(1) t (hr)	(2) i_e (mm/hr)	(3) $U_1(t)$ (m^3/s)	(4) $0.6U_1(t-2)$ (m^3/s)	(5) $0.6U_1(t-3)$ (m^3/s)	(6) $0.4U_1(t-4)$ (m^3/s)	(7) $0.2U_1(t-5)$ (m^3/s)	(8) Q (m^3/s)
0	-	0					0
1	0	0.3					0
2	0	0.6	0				0
3	6	0.4	0.18	0			0.18
4	6	0.2	0.36	0.18	0		0.54
5	4	0	0.24	0.36	0.12	0	0.72
6	2		0.12	0.24	0.24	0.06	0.66
7			0	0.12	0.16	0.12	0.40
8				0	0.08	0.08	0.16
9					0	0.04	0.04
10						0	0

將小集水區之出流歷線視為暴雨滯留池之入流歷線，滯留池蓄水量與出流量之關係如表 8.6.2 所示，其中

$$Q = 0.52\sqrt{h} \quad (m^3/s)$$
$$S = 100h \quad (m^3)$$

表 8.6.2

(1) h (m)	(2) Q (m^3/s)	(3) S (m^3)	(4) $2S/\Delta t + Q$ (m^3/s)
0	0	0	0
0.5	0.37	50	0.40
1.0	0.52	100	0.58

1.5	0.64	150	0.72
2.0	0.74	200	0.85
2.5	0.82	250	0.96
3.0	0.90	300	1.07

經由表 8.6.3 之水庫演算後，得知滯留池中之最高水深為 1.92 m。

表 8.6.3

(1) t (hr)	(2) I (m^3/s)	(3) $I_1 + I_2$ (m^3/s)	(4) $2S_1/\Delta t - Q_1$ (m^3/s)	(5) $2S_2/\Delta t + Q_2$ (m^3/s)	(6) Q (m^3/s)	(7) h (m)
0	0	0	0		0	0
1	0	0	0	0	0	0
2	0	0.18	0	0	0	0
3	0.18	0.72	-0.16	0.18	0.17	0.11
4	0.54	1.26	-0.44	0.56	0.50	0.92
5	0.72	1.38	-0.62	0.82	0.72	1.92
6	0.66	1.06	-0.58	0.76	0.67	1.66
7	0.40	0.56	-0.40	0.48	0.44	0.72
8	0.16	0.20	-0.14	0.16	0.15	0.08
9	0.04	0.04	-0.06	0.06	0.06	0.01
10	0	0	-0.02	-0.02	0	0

◆

7

在河川中進行洪水演算分析時，常可選用水文演算法或水力演算法，在理論上兩種演算法有何不同？若使用馬斯金更 (*Muskingum*) 法進行分析時，其 K 與 X 兩參數如何決定？又如何選擇適當之演算時距 Δt？（83 水保專技）

解答

水流連續方程式若配合貯蓄方程式進行演算，稱之為河道水文演算；若將水流連續方程式配合水流動量方程式進行演算，則稱之為河道水力演算。

水文學上是應用洪水流量紀錄，以檢定馬斯金更法之K值與X值。因為該法假設$Q+X(I-Q)$與S為線性關係，故若以流量紀錄所得之$Q+X(I-Q)$值對S值作圖，則其圖形應為直線。圖8.7中嘗試用幾個不同的X值進行計算，而最合適的X值應該是線性關係最佳的圖（即最窄迴圈，$X=0.3$）；此最窄迴圈之斜率等於K值，即

$$K=\frac{S}{Q+X(I-Q)}$$
$$=\frac{20.43\times10^6}{223}\cdot\frac{1}{3600}=25.4\ hr$$

為能正確模擬洪水波於河道中之傳遞情形，演算時距 Δt 通常選定為介於$K/3$與K之間的數值。需特別注意的是，演算中K與Δt必須是選用相同的時間單位。

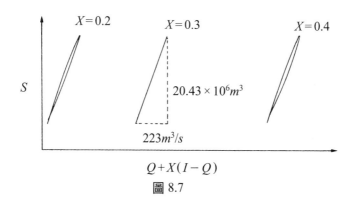

圖 8.7

8

馬斯金更法（*Muskingum Method*）為河川洪水演算的重要方法，請詳

細推求其演算式

$$Q_2 = C_0 I_2 + C_1 I_1 + C_2 Q_1$$

並將 C_0, C_1, C_2 以蓄水常數 K，無因次加權因子 X 等表示之；請問如何推算 K 及 X？（90 水利高考三級，86 水利專技）

解答

馬斯金更法之貯蓄方程式為

$$S = KQ + KX(I - Q)$$

若河道中水流之變化接近於線性關係，則可將水流連續方程式表示為間斷時距的表示式，因此貯蓄方程式可表示為

$$S_2 - S_1 = K(Q_2 - Q_1) + KX[(I_2 - I_1) - (Q_2 - Q_1)]$$

式中 I_1、I_2、Q_1、Q_2 分別為前、後時刻河道上游之入流量與下游出流量；S_1 與 S_2 分別為前、後時刻河道之貯蓄量；Δt 為前、後時刻之時間間距。將上式代入水文方程式

$$I - Q = \frac{\Delta S}{\Delta t}$$

$$\frac{I_1 + I_2}{2} - \frac{Q_1 + Q_2}{2} = \frac{K(Q_2 - Q_1) + KX[(I_2 - I_1) - (Q_2 - Q_1)]}{\Delta t}$$

$$(K - KX + 0.5\Delta t)Q_2 = (-KX + 0.5\Delta t)I_2 + (KX + 0.5\Delta t)I_1$$
$$+ (K - KX - 0.5\Delta t)Q_1$$

$$Q_2 = C_0 I_2 + C_1 I_1 + C_2 Q_1$$

式中　　$C_0 = \dfrac{-KX + 0.5\Delta t}{K(1 - X) + 0.5\Delta t}$；

$C_1 = \dfrac{KX + 0.5\Delta t}{K(1 - X) + 0.5\Delta t}$；

$C_2 = \dfrac{K(1 - X) - 0.5\Delta t}{K(1 - X) + 0.5\Delta t}$。且 C_0、C_1 與 C_2 之和為 1。

蓄水常數 K 與無因次加權因子 X 之推算方式，詳見習題 8.7 之

說明。 ◆

9

回答下列有關洪水演算（*flood routing*）之問題：

㈠試證明一非線性水庫（$S = aQ^b$）之出流歷線尖峰必與入流歷線重合。

㈡有一河段長度為 1280 公尺，其馬斯金更（*Muskingum*）參數為
$K = 0.24 \ hr$，$X = 0.25$。今有一洪水入流歷線列如下表，試求：

(1)該洪水經過此河段之出流歷線；

(2)該洪水之傳播速度。（87 台大土木）

	1	2	3	4	5	6	7	8	9	10
$t_j \ (hr)$	0	0.25	0.50	0.75	1.00	1.25	1.50	1.75	2.00	2.25
$I_j \ (m^3/s)$	23.2	55.2	163.5	508.0	596.1	552.1	278.0	129.2	48.0	28.0
$C_1 \cdot I_{j+1}$										
$C_2 \cdot I_j$										
$C_3 \cdot Q_j$										
Q_{j+1}										

$C_1 = (\Delta t - 2KX)/D$; $C_2 = (\Delta t + 2KX)/D$; $C_3 = [2K(1-X) - \Delta t]/D$; $D = 2K(1-X) + \Delta t$

解答

㈠將 $S = aQ^b$ 對時間微分，可得

$$\frac{dS}{dt} = \frac{d}{dt}(aQ^b) = abQ^{b-1}\frac{dQ}{dt}$$

出流歷線達到尖峰時，$dQ/dt = 0$，因此水文方程式

$$I - Q = \frac{dS}{dt} = 0$$

故 $I = Q$，代表出流歷線尖峰與入流歷線重合，而此刻之貯蓄量也
是最大值。

㈡馬斯金更法之參數為

$$C_1 = \frac{\Delta t - 2KX}{2K(1-X)+\Delta t} = \frac{0.25 - 2 \times 0.24 \times 0.25}{2 \times 0.24(1-0.25)+0.25} = 0.2131$$

$$C_2 = \frac{\Delta t + 2KX}{2K(1-X)+\Delta t} = \frac{0.25 + 2 \times 0.24 \times 0.25}{2 \times 0.24(1-0.25)+0.25} = 0.6066$$

$$C_3 = \frac{2K(1-X)-\Delta t}{2K(1-X)+\Delta t} = \frac{2 \times 0.24(1-0.25)-0.25}{2 \times 0.24(1-0.25)+0.25} = 0.1803$$

洪水演算如下表所示，入流歷線洪峰發生在 $t=1\ hr$，而出流歷線洪峰發生在 $t=1.25\ hr$，故洪水之傳播速度為

$$c = \frac{L}{t} = \frac{1280}{0.25 \times 3600} = 1.42 \quad m/s$$

表 8.9

	1	2	3	4	5	6	7	8	9	10
$t_j\ (hr)$	0	0.25	0.50	0.75	1.00	1.25	1.50	1.75	2.00	2.25
$I_j\ (m^3/s)$	23.2	55.2	163.5	508.0	596.1	552.1	278.0	129.2	48.0	28.0
$C_1 \cdot I_{j+1}$	11.8	34.8	108.3	127.0	117.7	59.2	27.5	10.2	6.0	0
$C_2 \cdot I_j$	14.1	33.5	99.2	308.2	361.6	334.9	168.6	78.4	29.1	17.0
$C_3 \cdot Q_j$	4.2	5.4	13.3	39.8	85.6	101.9	89.4	51.5	25.3	10.9
Q_{j+1}	23.2	30.1	73.7	220.8	475.0	564.9	496.0	285.5	140.1	60.4

◆

10

已知某河川之入流歷線。試以馬斯金更 (*Muskingum*) 法推估出流歷線。假設蓄水係數 $K=11$ 小時，參數 $X=0.13$。（88 中華土木，85 水利檢覈）

時間	6：00	12：00	18：00	24：00	6：00	12：00	18：00
入流量 (cms)	10	30	68	50	40	31	23
出流量 (cms)	10						

解答

馬斯金更法之計算方程式為

$$Q_2 = C_0 I_2 + C_1 I_1 + C_2 Q_1$$

式中

$$C_0 = \frac{-KX + 0.5\Delta t}{K(1-X) + 0.5\Delta t} = \frac{-11 \times 0.13 + 0.5 \times 6}{11(1-0.3) + 0.5 \times 6} = 0.125$$

$$C_1 = \frac{KX + 0.5\Delta t}{K(1-X) + 0.5\Delta t} = \frac{11 \times 0.13 + 0.5 \times 6}{11(1-0.3) + 0.5 \times 6} = 0.352$$

$$C_2 = \frac{K(1-X) - 0.5\Delta t}{K(1-X) + 0.5\Delta t} = \frac{11(1-0.13) - 0.5 \times 6}{11(1-0.3) + 0.5 \times 6} = 0.523$$

計算出流歷線如下表所示。

表 8.10

(1) t (hr)	(2) I (m^3/s)	(3) $C_0 I_2$ (m^3/s)	(4) $C_1 I_1$ (m^3/s)	(5) $C_2 Q_1$ (m^3/s)	(6) Q_2 (m^3/s)
6	10	3.8	3.5	5.2	10.0
12	30	8.5	10.6	6.5	12.5
18	68	6.3	23.9	13.4	25.6
24	50	5.0	17.6	22.8	43.6
6	40	3.9	14.1	23.7	45.4
12	31	2.9	10.9	21.8	41.7
18	23	0	8.1	18.6	35.6
24				14.0	26.7

11
_____

某河段之入流量歷線如下：

時間 (*hr*)	0	3	6	9	12	15	18	21
入流量 (*cms*)	6	32	56	45	28	10	7	3

試依馬斯金更法演算該河段之出流量。假設蓄水常數 $K = 6\ hr$，入流加權常數 $X = 0.2$，演算時距 $\Delta t = 3\ hr$，且時間為零時，其出流量為 $5\ cms$。（84 水保專技）

解答

馬斯金更法之計算方程式為

$$Q_2 = C_0 I_2 + C_1 I_1 + C_2 Q_1$$

式中

$$C_0 = \frac{-KX + 0.5\Delta t}{K(1-X) + 0.5\Delta t} = \frac{-6 \times 0.2 + 0.5 \times 3}{6(1-0.2) + 0.5 \times 3} = 0.0476$$

$$C_1 = \frac{KX + 0.5\Delta t}{K(1-X) + 0.5\Delta t} = \frac{6 \times 0.2 + 0.5 \times 3}{6(1-0.2) + 0.5 \times 3} = 0.4286$$

$$C_2 = \frac{K(1-X) - 0.5\Delta t}{K(1-X) + 0.5\Delta t} = \frac{6(1-0.2) - 0.5 \times 3}{6(1-0.2) + 0.5 \times 3} = 0.5238$$

計算出流歷線如下表所示。

表 8.11

(1) t (hr)	(2) I (m^3/s)	(3) $C_0 I_2$ (m^3/s)	(4) $C_1 I_1$ (m^3/s)	(5) $C_2 Q_1$ (m^3/s)	(6) Q_2 (m^3/s)
0	6	1.5	2.6	2.6	5.0
3	32	2.7	13.7	3.5	6.7
6	56	2.1	24.0	10.4	19.9
9	45	1.3	19.3	19.1	36.5
12	28	0.5	12.0	20.8	39.7
15	10	0.3	4.3	17.4	33.3
18	7	0.1	3.0	11.5	22.0
21	3	0	1.3	7.6	14.6

12

某河川之入流歷線如下表。已知該河川之蓄水常數 $K = 12$ 小時，加權常數 $X = 0.1$。試以馬斯金更法計算下游出流量歷線，洪峰消減量及洪峰延滯時間。（85 屏科大土木）

時間 (*hrs*)	06：00	12：00	18：00	24：00	06：00	12：00	18：00	24：00	06：00	12：00	18：00
入流量 (*cms*)	40	90	170	280	210	150	120	95	75	55	40

解答

馬斯金更法之計算方程式為

$$Q_2 = C_0 I_2 + C_1 I_1 + C_2 Q_1$$

式中

$$C_0 = \frac{-KX + 0.5\Delta t}{K(1-X) + 0.5\Delta t} = \frac{-12 \times 0.1 + 0.5 \times 6}{12(1-0.1) + 0.5 \times 6} = 0.1304$$

$$C_1 = \frac{KX + 0.5\Delta t}{K(1-X) + 0.5\Delta t} = \frac{12 \times 0.1 + 0.5 \times 6}{12(1-0.2) + 0.5 \times 6} = 0.3044$$

$$C_2 = \frac{K(1-X) - 0.5\Delta t}{K(1-X) + 0.5\Delta t} = \frac{12(1-0.1) - 0.5 \times 6}{12(1-0.1) + 0.5 \times 6} = 0.5652$$

計算出流歷線如下表所示，洪峰消減量為 $280 - 189.0 = 91$ m^3/s，洪峰延滯時間則為 12 *hr*。

表 8.12

(1) t (*hr*)	(2) I (m^3/s)	(3) $C_0 I_2$ (m^3/s)	(4) $C_1 I_1$ (m^3/s)	(5) $C_2 Q_1$ (m^3/s)	(6) Q_2 (m^3/s)
6	40	11.7	12.2	22.6	40.0
12	90	22.2	27.4	26.3	46.5
18	170	36.5	51.7	42.9	75.9

24	280	27.4	85.2	74.1	131.1
6	210	19.6	63.9	105.5	186.7
12	150	15.6	45.7	106.8	189.0
18	120	12.4	36.5	95.0	168.1
24	95	9.8	28.9	81.3	143.9
6	75	7.2	22.8	67.8	120.0
12	55	5.2	16.7	55.3	97.8
18	40	0	12.2	43.6	77.2

◆

13

下圖中 A, B 兩點之河段長度原為 10 公里，水流運行時間 (*travel time*) 為 1.5 小時。截彎取直後，河段長度縮減為 8 公里。在 A 點之設計入流歷線如下所示時，試利用 *Muskingum* 法演算截彎取直後對 B 點設計洪峰之影響？

假設截彎取直前後之河川斷面特性不變，曼寧公式適用於計算河段平均流速，而 *Muskingum* 法中 $X = 0.2$。（86 水保檢覈）

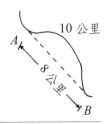

10 公里
8 公里

A 點設計入流歷線

時間（時）	0	1	2	3	4	5	6	7
流量 (*CMS*)	0	1,000	2,000	4,000	2,000	1,000	500	0

解答

截彎後與截彎前之流速比值為

$$\frac{V_2}{V_1} = \frac{\frac{1}{n}R^{\frac{2}{3}}\sqrt{S_2}}{\frac{1}{n}R^{\frac{2}{3}}\sqrt{S_1}} = \frac{\sqrt{\frac{\Delta z}{8}}}{\sqrt{\frac{\Delta z}{10}}} = 1.118$$

故截彎後之流速 $V_2 = 1.118V_1$，因此運行時間為

$$\frac{8}{K_2} = 1.118 \times \frac{10}{1.5}$$

$$\therefore \quad K_2 = 1.1 \ hr$$

截彎前後之演算參數分別為

$$C_0 = \frac{-KX + 0.5\Delta t}{K(1-X) + 0.5\Delta t}$$

$$C_1 = \frac{KX + 0.5\Delta t}{K(1-X) + 0.5\Delta t}$$

$$C_2 = \frac{K(1-X) - 0.5\Delta t}{K(1-X) + 0.5\Delta t}$$

$$C_0 = \frac{-1.5 \times 0.2 + 0.5 \times 1}{1.5(1-0.2) + 0.5 \times 1} = 0.1176$$

$$C_1 = \frac{1.5 \times 0.2 + 0.5 \times 1}{1.5(1-0.2) + 0.5 \times 1} = 0.4706$$

$$C_2 = \frac{1.5(1-0.2) - 0.5 \times 1}{1.5(1-0.2) + 0.5 \times 1} = 0.4118$$

$$C_0' = \frac{-1.1 \times 0.2 + 0.5 \times 1}{1.1(1-0.2) + 0.5 \times 1} = 0.2029$$

$$C_1' = \frac{1.1 \times 0.2 + 0.5 \times 1}{1.1(1-0.2) + 0.5 \times 1} = 0.5217$$

$$C_2' = \frac{1.1(1-0.2) - 0.5 \times 1}{1.1(1-0.2) + 0.5 \times 1} = 0.2754$$

由下表之計算結果發現，洪峰發生時間均在 $t = 4 \ hr$ 時，但截彎後之設計洪峰由原來的 $2826.8 \ m^3/s$ 增加為 $3078.0 \ m^3/s$。

表 8.13

(1)	(2)	截彎前				截彎後			
		(3)	(4)	(5)	(6)	(7)	(8)	(9)	(10)
t	I	$C_0 I_2$	$C_1 I_1$	$C_2 Q_1$	Q_2	$C_0' I_2$	$C_1' I_1$	$C_2' Q_1$	Q_2
(hr)	(m^3/s)	(m^3/s)	(m^3/s)	(m^3/s)	(m^3/s)	(m^3/s)	(m^3/s)	(m^3/s)	(m^3/s)
0	0	117.6	0	0	0	202.9	0	0	0
1	1,000	235.2	470.6	48.4	117.6	405.8	521.7	55.9	202.9
2	2,000	470.4	941.2	310.6	754.2	811.6	1,043.4	270.8	983.4
3	4,000	235.2	1,882.4	709.2	1,722.2	405.8	2,086.8	585.4	2,125.8

4	2,000	117.6	941.2	1,164.1	2,826.8	202.9	1,043.4	847.7	3,078.0
5	1,000	58.8	470.6	915.4	2,222.9	101.5	521.7	576.7	2,094.0
6	500	0	235.3	595.0	1,444.8	0	260.9	330.5	1,199.9
7	0		0	341.9	830.3		0	162.9	591.4

14

如圖㈠所示之矩形流域，有四個雨量站 *A*、*B*、*C*、*D*，其徐昇氏法 (*Thiessen method*) 之控制面積及延時為 2 小時暴雨之各站實測雨量記錄如下：

A	46.0 *Km*²	100 *mm*
B	16.5	70
C	46.0	50
D	16.5	60

又對於此一暴雨在 *E* 點實測之流量歷線如圖㈡。試問：

㈠平均雨量為多少公厘？（以徐昇氏法計算）

㈡若基流量為 50 *cms*，則此一暴雨所造成之直接逕流體為多少立方公尺？

㈢此流域之逕流係數為多少？

㈣以馬斯金更 (*Muskingum*) 法演算 *F* 點之流量歷線，已知 *k* = 1 小時，*x* = 0.3。（90 水保檢覈）

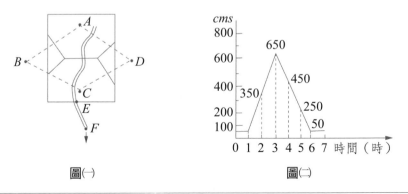

圖㈠　　　　　　　　　　　圖㈡

解答

㈠平均雨量為

$$\overline{P} = \frac{\sum\limits_{i=1}^{N} P_i A_i}{\sum\limits_{i=1}^{N} A_i}$$

$$= \frac{100 \times 46.0 + 70 \times 16.5 + 50 \times 46.0 + 60 \times 16.5}{46.0 + 16.5 + 46.0 + 16.5} = 72.36 \ mm$$

㈡直接逕流體積為

$$[(350 - 50) + (650 - 50) + (450 - 50) + (250 - 50)] \cdot 3600$$

$$= 5400000 \ m^3$$

㈢超量降雨為

$$P_e = \frac{5400000}{(46.0 + 16.5 + 46.0 + 16.5)} \cdot \frac{10^3}{10^6} = 43.2 \ mm$$

逕流係數則為

$$C = \frac{P_e}{\overline{P}} = \frac{43.2}{72.36} = 0.6$$

㈣馬斯金更法之計算方程式為

$$Q_2 = C_0 I_2 + C_1 I_1 + C_2 Q_1$$

式中

$$C_0 = \frac{-KX + 0.5\Delta t}{K(1-X) + 0.5\Delta t} = \frac{-1 \times 0.3 + 0.5 \times 1}{1(1-0.3) + 0.5 \times 1} = 0.1667$$

$$C_1 = \frac{KX + 0.5\Delta t}{K(1-X) + 0.5\Delta t} = \frac{1 \times 0.3 + 0.5 \times 1}{1(1-0.3) + 0.5 \times 1} = 0.6667$$

$$C_2 = \frac{K(1-X) - 0.5\Delta t}{K(1-X) + 0.5\Delta t} = \frac{1(1-0.3) - 0.5 \times 1}{1(1-0.3) + 0.5 \times 1} = 0.1667$$

計算 F 點之流量歷線如下表所示。

表 8.14

(1) t (hr)	(2) I (m^3/s)	(3) $C_0 I_2$ (m^3/s)	(4) $C_1 I_1$ (m^3/s)	(5) $C_2 Q_1$ (m^3/s)	(6) Q_2 (m^3/s)
0	50	8.3	33.3	8.3	50.0
1	50	58.3	33.3	8.3	49.9
2	350	108.4	233.3	16.7	99.9
3	650	75.0	433.4	59.7	358.4
4	450	41.7	300.0	94.7	568.1
5	250	8.3	166.7	72.7	436.4
6	50	8.3	33.3	41.3	247.7
7	50	0.0	33.3	13.8	82.9

15

若水庫演算中之蓄水量 (S) 與出流量 (Q) 成 $S = KQ$ 之關係，K 為蓄水常數。

㈠試證 $Q_{t+\Delta t} = Q_t + C_1 (I_t - Q_t) + C_2 (I_{t+\Delta t} - I_t)$，式中，$I$ 為入流量；C_1, C_2 均為常數；Δt 為演算時距。

㈡已知 $K = 0.785$ 日，$\Delta t = 0.5$ 日，試求上式中之 C_1 及 C_2 值。（82 水利中央簡任升等考試）

解答

㈠由水文方程式

$$I - Q = \frac{dS}{dt}$$

$$\frac{I_1 + I_2}{2} - \frac{Q_1 + Q_2}{2} = \frac{KQ_2 - KQ_1}{\Delta t}$$

$$\left(K + \frac{\Delta t}{2}\right)Q_2 = \left(K - \frac{\Delta t}{2}\right)Q_1 + \frac{\Delta t}{2}I_1 + \frac{\Delta t}{2}I_2$$

$$Q_2 = \frac{2K - \Delta t}{2K + \Delta t} Q_1 + \frac{\Delta t}{2K + \Delta t} I_1 + \frac{\Delta t}{2K + \Delta t} I_2$$

$$Q_2 = Q_1 + \frac{2\Delta t}{2K + \Delta t}(I_1 - Q_1) + \frac{\Delta t}{2K + \Delta t}(I_2 - I_1)$$

$$\therefore \quad Q_{t+\Delta t} = Q_t + C_1(I_t - Q_t) + C_2(I_{t+\Delta t} - I_t)$$

式中 $C_1 = \dfrac{2\Delta t}{2K + \Delta t}$; $C_2 = \dfrac{\Delta t}{2K + \Delta t}$ 。

(二)已知 $K = 0.785$ 日以及 $\Delta t = 0.5$ 日,則

$$C_1 = \frac{2 \times 0.5}{2 \times 0.785 + 0.5} = 0.483$$

$$C_2 = \frac{0.5}{2 \times 0.785 + 0.5} = 0.242$$

◆

16

已知某河川之河段蓄水量 S 與該河段之出流量 O 間之關係如圖所示。

(一)試依據水文方程式以係數法 $S = KO$ 推求出流量與入流量間之關係式中各係數值

$$O_{t+\Delta t} = C_1 I_t + C_2 I_{t+\Delta t} + C_3 O_t$$

(二)依(一)所得結果及下表入流歷線推求該河段出流歷線之尖峰流量(演算時距為 1 日)。(89 中興土木)

時間 (day)	1	2	3	4	5	6	7	8
入流量 (cms)	100	140	340	600	300	150	100	100

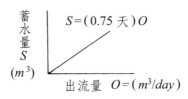

解答

(一)由水文方程式推導如下

$$\frac{I_1+I_2}{2}-\frac{O_1+O_2}{2}=\frac{KO_2-KO_1}{\Delta t}$$

$$\left(K+\frac{\Delta t}{2}\right)O_2=\frac{\Delta t}{2}I_1+\frac{\Delta t}{2}I_2+\left(K-\frac{\Delta t}{2}\right)O_1$$

$$O_2=\frac{\Delta t}{2K+\Delta t}I_1+\frac{\Delta t}{2K+\Delta t}I_2+\frac{2K-\Delta t}{2K+\Delta t}O_1$$

$$\therefore\quad Q_{t+\Delta t}=C_1\,I_t+C_2\,I_{t+\Delta t}+C_3\,O_t$$

式 中 $C_1=C_2=\dfrac{\Delta t}{2K+\Delta t}$; $C_3=\dfrac{2K-\Delta t}{2K+\Delta t}$ 。因 為 $K=0.75\ day$ 且 Δt $=1\ day$，所以各係數為

$$C_1=C_2=\frac{1}{2\times0.75+1}=0.4$$

$$C_3=\frac{2\times0.75-1}{2\times0.75+1}=0.2$$

(二)出流歷線如下表所示，其尖峰流量為 $443.8\ m^3/s$。

表 8.16

(1) t (day)	(2) I (m^3/s)	(3) $C_1 I_t$ (m^3/s)	(4) $C_2 I_{t+\Delta t}$ (m^3/s)	(5) $C_3 O_t$ (m^3/s)	(6) O_2 (m^3/s)
1	100	40.0	56.0	20	100.0
2	140	56.0	136.0	23.2	116.0
3	340	136.0	240.0	43.0	215.2
4	600	240.0	120.0	83.8	419.0
5	300	120.0	60.0	88.8	443.8
6	150	60.0	40.0	53.8	268.8
7	100	40.0	40.0	30.8	153.8
8	100	40.0	0	22.2	110.8

17

已知某河川之蓄水量 S、入流量 I 和出流量 O 間之關係為：$S = aI + bO$，其中 a 及 b 為常數，試導出下列方程式中的係數項：

(a) $O_2 = c_1 I_2 + c_2 I_1 + c_3 O_1$

(b) $O_2 = O_1 + c_1'(I_1 - O_1) + c_2'(I_2 - I_1)$ （86 水保高考三級）

解答

㈠利用水文方程式

$$I - O = \frac{dS}{dt}$$

$$\frac{I_1 + I_2}{2} - \frac{O_1 + O_2}{2} = \frac{aI_2 + bO_2 - (aI_1 + bO_1)}{\Delta t}$$

$$\left(b + \frac{\Delta t}{2}\right)O_2 = \left(a + \frac{\Delta t}{2}\right)I_1 + \left(-a + \frac{\Delta t}{2}\right)I_2 + \left(b - \frac{\Delta t}{2}\right)O_1$$

$$O_2 = \frac{-2a + \Delta t}{2b + \Delta t}I_2 + \frac{2a + \Delta t}{2b + \Delta t}I_1 + \frac{2b - \Delta t}{2b + \Delta t}O_1 \qquad (8.17)$$

$$O_2 = c_1 I_2 + c_2 I_1 + c_3 O_1$$

式中 $c_1 = \dfrac{-2a + \Delta t}{2b + \Delta t}$; $c_2 = \dfrac{2a + \Delta t}{2b + \Delta t}$ 以及 $c_3 = \dfrac{2b - \Delta t}{2b + \Delta t}$。

㈡重排（8.17）式

$$O_2 = \frac{2b + \Delta t - 2\Delta t}{2b + \Delta t}O_1 + \frac{2a + 2\Delta t - \Delta t}{2b + \Delta t}I_1 + \frac{-2a + \Delta t}{2b + \Delta t}I_2$$

$$= O_1 + \frac{-2\Delta t}{2b + \Delta t}O_1 + \frac{2\Delta t}{2b + \Delta t}I_1 + \frac{2a - \Delta t}{2b + \Delta t}I_1 + \frac{-2a + \Delta t}{2b + \Delta t}I_2$$

$$= O_1 + \frac{2\Delta t}{2b + \Delta t}(I_1 - O_1) + \frac{-2a + \Delta t}{2b + \Delta t}(I_2 - I_1)$$

$$= O_1 + c_1'(I_1 - O_1) + c_2'(I_2 - I_1)$$

式中 $c_1' = \dfrac{2\Delta t}{2b + \Delta t}$; $c_2' = \dfrac{-2a + \Delta t}{2b + \Delta t}$。 ◆

18

某河川之蓄水量 (S) 與入流量 (I)、出流量 (Q) 之關係為

$S = 0.5I\Delta t + Q\Delta t$，且已知在起始時間 $t = 0$ 時之出流量 $Q = 0$ *cms*，試以連續方程式 $(I - Q)\Delta t = \Delta S$ 演算下表之出流量值。（89 中原土木）

時間 t，hr	0	1	2	3	4	5
入流量 I，cms	15	31	60	30	15	0

解答

將 $S = 0.5I\Delta t + Q\Delta t$ 代入連續方程式 $(I - Q)\Delta t = \Delta S$，得出流歷線如下

$$\left(\frac{I_1 + I_2}{2} - \frac{Q_1 + Q_2}{2}\right)\Delta t = (0.5I_2\Delta t + Q_2\Delta t) - (0.5I_1\Delta t + Q_1\Delta t)$$

$$0.5I_1 + 0.5I_2 - 0.5Q_1 - 0.5Q_2 = 0.5I_2 + Q_2 - 0.5I_1 - Q_1$$

$$1.5Q_2 = I_1 + 0.5Q_1$$

$$Q_2 = \frac{2}{3}I_1 + \frac{1}{3}Q_1$$

演算結果如表所示。

表 8.18

(1) t (hr)	(2) I (m^3/s)	(3) $2I_1/3$ (m^3/s)	(4) $Q_1/3$ (m^3/s)	(5) Q (m^3/s)
0	15	10.0	0	0
1	31	20.7	3.3	10
2	60	40.0	8.0	24
3	30	20.0	16.0	48
4	15	10.0	12.0	36
5	0	0	7.3	22

19

試利用 *Muskingum method* 推導考慮側流情況下之出流方程式。（87 海大河工）

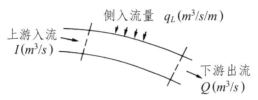

解答

若河段長度為L，則河川內之蓄水量為

$$S = K[X(I + q_L L) + (1 - X)Q]$$

而水流之連續方程式為

$$I + q_L L - Q = \frac{dS}{dt}$$

合併以上兩式

$$\frac{I_1 + I_2}{2} + \frac{q_{L1}L + q_{L2}L}{2} - \frac{Q_1 + Q_2}{2}$$
$$= \frac{KX(I_2 + q_{L2}L) + K(1 - X)Q_2 - KX(I_1 + q_{L1}L) - K(1 - X)Q_1}{\Delta t}$$
$$\left[\frac{2K(1 - X) + \Delta t}{2\Delta t}\right]Q_2 = \left[\frac{2KX + \Delta t}{2\Delta t}\right](I_1 + q_{L1}L)$$
$$+ \left[\frac{-2KX + \Delta t}{2\Delta t}\right](I_2 + q_{L2}L) + \left[\frac{2K(1 - X) - \Delta t}{2\Delta t}\right]Q_1$$
$$Q_2 = C_0(I_2 + q_{L2}L) + C_1(I_1 + q_{L1}L) + C_2 Q_1$$

式中
$$C_0 = \frac{-2KX + \Delta t}{2K(1 - X) + \Delta t};$$
$$C_1 = \frac{2KX + \Delta t}{2K(1 - X) + \Delta t};$$
$$C_2 = \frac{2K(1 - X) - \Delta t}{2K(1 - X) + \Delta t}。$$

20#

如何以馬斯金更法計算某一特定時刻之出流量？

解答

將馬斯金更法計算出流量之方程式表示為

$$Q_n = C_0 I_n + C_1 I_{n-1} + C_2 Q_{n-1}$$

式中 Q_n 為任一時刻 n 之出流量，代入下式以消去出流量 Q_{n-1}

$$Q_{n-1} = C_0 I_{n-1} + C_1 I_{n-2} + C_2 Q_{n-2}$$

重複代入等號右邊項則可逐一消去出流量 Q_{n-2}, Q_{n-3}, $\cdots$，而 Q_n 成為前 n 個入流量之函數表示為

$$Q_n = K_1 I_n + K_2 I_{n-1} + K_3 I_{n-2} + \cdots + K_n I_1$$

式中

$$K_1 = C_0$$
$$K_2 = C_0 C_2 + C_1$$
$$K_3 = K_2 C_2$$
$$K_i = K_{i-1} C_2 \quad ; i > 2 \, 。$$

◆

21#

試以習題 20 所述方式，計算例題 8-4 中 $t = 11$ hr 之時的出流量。

解答

由例題 8-4 之資料得知，$C_0 = 0.0476$、$C_1 = 0.4286$ 以及 $C_2 = 0.5238$，因此

$$K_1 = C_0 = 0.0476$$

$$K_2 = C_0 C_2 + C_1 = 0.0476 \times 0.5238 + 0.4286 = 0.4535$$

$$K_3 = K_2 C_2 = 0.4535 \times 0.5238 = 0.2375$$

$$K_4 = K_3 C_2 = 0.2375 \times 0.5238 = 0.1244$$

$$K_5 = K_4 C_2 = 0.1244 \times 0.5238 = 0.0652$$

$$K_6 = K_5 C_2 = 0.0652 \times 0.5238 = 0.0342$$

$$K_7 = K_6 C_2 = 0.0342 \times 0.5238 = 0.0179$$

$$K_8 = K_7 C_2 = 0.0179 \times 0.5238 = 0.0094$$

$$K_9 = K_8 C_2 = 0.0094 \times 0.5238 = 0.0049$$

$$K_{10} = K_9 C_2 = 0.0049 \times 0.5238 = 0.0026$$

$$K_{11} = K_{10} C_2 = 0.0026 \times 0.5238 = 0.0014$$

計算 $t = 11 \ hr$ 時之出流量為

$$
\begin{aligned}
Q_{11} =\ & K_1 I_{11} + K_2 I_{10} + K_3 I_9 + K_4 I_8 + K_5 I_7 + K_6 I_6 \\
& + K_7 I_5 + K_8 I_4 + K_9 I_3 + K_{10} I_2 + K_{11} I_1 \\
=\ & 0.0476 \times 957 + 0.4535 \times 1154 + 0.2375 \times 1199 + 0.1244 \times 920 \\
& + 0.0652 \times 531 + 0.0342 \times 419 + 0.0179 \times 431 + 0.0094 \times 334 \\
& + 0.0049 \times 223 + 0.0026 \times 152 + 0.0014 \times 85 \\
=\ & 1030 \ m^3/s
\end{aligned}
$$

◆

22#

試以運動波模式推導單一坡面之集流時間，並說明坡面出口處之水深變化。

解答

單位寬度坡面之運動波控制方程式為

$$\frac{\partial y}{\partial t} + \frac{\partial q}{\partial x} = i_e$$
$$q = \alpha y^m$$

式中 y 為水深；q 為單位寬度流量；i_e 為超滲降雨強度；α 與 m 為係數。兩式合併得到

$$\frac{\partial y}{\partial t} + \alpha m y^{m-1} \frac{\partial y}{\partial x} = i_e \tag{8.22.1}$$

定義水流之波速為

$$c = \frac{dx}{dt} = \alpha m y^{m-1} \tag{8.22.2}$$

水深對時間之全微分式可表示為

$$\frac{Dy}{Dt} = \frac{\partial y}{\partial t} + \frac{dx}{dt} \frac{\partial y}{\partial x} \tag{8.22.3}$$

由（8.22.1）式、（8.22.2）式與（8.22.3）式得知

$$\frac{Dy}{Dt} = i_e$$

$$y = y_0 + i_e t$$

當 $t = 0$ 時，$y_0 = 0$，因此

$$y = i_e t \ ; \ 0 < t \le t_c \tag{8.22.4}$$

將（8.22.4）式代入（8.22.2）式，即可得到 t 時刻之水面線方程式

$$\frac{dx}{dt} = \alpha m y^{m-1} = \alpha m i_e^{m-1} t^{m-1}$$

$$x = x_0 + \alpha i_e^{m-1} t^m = x_0 + \alpha y^{m-1} t$$

若 $x_0 = 0$，則坡面長度 $L = x$，集流時間為

$$L = x - x_0 = \alpha i_e^{m-1} t_c^m$$

$$t_c = \left(\frac{L}{\alpha i_e^{m-1}} \right)^{\frac{1}{m}}$$

坡面出口處之水深變化可區分為兩種情況：

1. 降雨延時大於集流時間（$t_c \le t_d \le \infty$）

上昇段 $(0 < t < t_c)$：$y_L = i_e t$

平衡段 $(t_c \leq t \leq t_d)$：$y_L = \left(\dfrac{L i_e}{\alpha} \right)^{\frac{1}{m}}$

退水段 $(t_d < t)$：$L = \alpha y_L^{m-1} \left[\dfrac{y_L}{i_e} + m(t - t_d) \right]$

上昇段之水深隨著時間的增加而增加，平衡段之水深則為定值，退水段之水深與波速成比例，必須以試誤法求解。

2.降雨延時小於集流時間 $(t_d < t_c)$

上昇段 $(0 < t < t_d)$：$y_L = i_e t$

平衡段 $(t_c \leq t \leq t_p)$：$y_L = i_e t_d$

退水段 $(t_p < t)$：$L = \alpha y_L^{m-1} \left[\dfrac{y_L}{i_e} + m(t - t_d) \right]$

上昇段和退水段之水深變化與上述情況相同，但是降雨停止時波傳只達到位置 x_w 處，因此出口處之水深仍將維持不變，直到波傳達到出口後才開始下降，所以歷線也會出現平衡段。波傳到達出口之時間為

$$t_p = t_d + \frac{L - x_w}{c}$$

式中 $x_w = \dfrac{\alpha y_L^m}{i_e}$ 為降雨停止時波傳所在位置；$c = \alpha m y_L^{m-1}$ 為波速。

◆

23#

試利用運動波 (*Kinematic wave*) 方法演算下列停車場地面出口處之漫地流歷線 (*Overland flow hydrograph*)，並作圖示之。

一停車場長 120 公尺，寬 60 公尺，地面斜坡度為 0.0025，降雨強度為 3.8 公分/時，且均勻分佈，延時為 40 分鐘，蔡希 (*Chezy*) 係數 $C = 75$。（83 水利檢覈）

解答

已知 $L=120\ m$；$B=60\ m$；$S=0.0025$；$i_e=3.8cm/hr=1.056\times10^{-5}m/s$；$t_d=40\ min$。蔡斯公式表示單位寬度之流量為

$$q=CS^{0.5}y^{1.5}=\alpha y^m$$

式中 $\alpha=CS^{0.5}=75\times0.0025^{0.5}=3.75$；$m=1.5$。因此集流時間為

$$t_c=\left(\frac{L}{\alpha i_e^{m-1}}\right)^{\frac{1}{m}}$$

$$=\left[\frac{120}{3.75\,(1.056\times10^{-5})^{\,1.5-1}}\right]^{\frac{1}{1.5}}=459.4\,sec\quad=7.7\ min$$

由於 $t_d>t_c$，因此為習題 8.22 所述之第 1 種情況。出口處的漫地流歷線如下表所示，表中第(1)欄位為時間，其餘欄位之分析步驟如下：

表 8.23.1

(1) t (min)	(2) y_{120} (m)	(3) Q (m^3/s)
0	0	0
5	0.003168	0.0401
7.7-40	0.004851	0.0760
45	0.002298	0.0248
50	0.001029	0.0074
55	0.000523	0.0027
60	0.000306	0.0012

1. 第(2)欄位為出口處之水深。計算式為

當 $0<t\le7.7\ min$ 時，$y_L=i_et$

$$y_{120} = 1.056 \times 10^{-5} \times t \cdot 60 \; ;$$

當 $7.7 \; min \leq t \leq 40 \; min$ 時，$y_L = \left(\dfrac{Li_e}{\alpha} \right)^{\frac{1}{m}}$

$$y_{120} = \left(\frac{120 \times 1.056 \times 10^{-5}}{3.75} \right)^{\frac{1}{1.5}} = 0.004851 \; ;$$

當 $40 \; min < t$ 時，$L = \alpha y_L^{m-1} \left[\dfrac{y_L}{i_e} + m(t - t_d) \right]$。需以試誤法計算 y_{120}

$$120 = 3.75 y_{120}^{1.5-1} \left[\frac{y_{120}}{1.056 \times 10^{-5}} + 1.5(t - 40) \cdot 60 \right] ;$$

2. 第(3)欄位為出口處之流量

$$Q = B\alpha y_L^m$$
$$= 60 \times 3.75 \times y_{120}^{1.5}$$

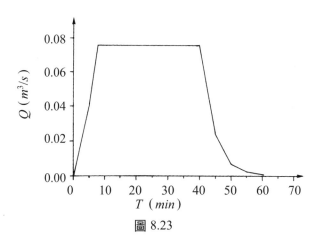

圖 8.23

另外，亦可以數值方法求解。水流單位寬度之連續方程式為

$$\frac{\partial y}{\partial t} + \frac{\partial q}{\partial x} = i$$

將流量代入上式得知

$$\frac{\partial y}{\partial t} + 1.5CS^{0.5}y^{0.5}\frac{\partial y}{\partial x} = i$$

下標 x 與 t 分別代表變量之位置與時間，若以顯性後項差分方式表示

$$y_{x,t} = y_{x,t-1} + \left[\left(\frac{i_{x,t} + i_{x,t-1}}{2}\right)\right.$$
$$\left. - 1.5CS^{0.5}\left(\frac{y_{x,t-1} + y_{x-1,t-1}}{2}\right)^{0.5}\left(\frac{y_{x,t-1} - y_{x-1,t-1}}{\Delta x}\right)\right]\Delta t$$

取 Δx 和 Δt 分別為 30 m 與 1 min，且邊界條件為 $t=0$ 時，$y_{x,0}$ = 0 m；以及 $x=0$ 時，$y_{0,t}=0$ m，則停車場之漫地流歷線如下表所示，表中僅列出部分時刻之結果。此法之數值穩定條件為波速 $c \leq \dfrac{\Delta x}{\Delta t}$。

表 8.23.2

(1) t (min)	(2) i (cm/hr)	(3) $y_{0,t}$ (m)	(4) $y_{30,t}$ (m)	(5) $y_{60,t}$ (m)	(6) $y_{90,t}$ (m)	(7) $y_{120,t}$ (m)	(8) Q (m^3/s)
0	0	0	0	0	0	0	0
5	3.8	0	0.00171	0.00248	0.00280	0.00280	0.0342
10	3.8	0	0.00185	0.00298	0.00390	0.00470	0.0717
15	3.8	0	0.00185	0.00299	0.00390	0.00480	0.0747
20	3.8	0	0.00185	0.00299	0.00390	0.00480	0.0748
25	3.8	0	0.00185	0.00299	0.00390	0.00480	0.0748
30	3.8	0	0.00185	0.00299	0.00390	0.00480	0.0748
35	3.8	0	0.00185	0.00299	0.00390	0.00480	0.0748
40	3.8	0	0.00185	0.00299	0.00390	0.00480	0.0748
45		0	0.00049	0.00106	0.00170	0.00240	0.0263
50		0	0.00022	0.00049	0.00080	0.00120	0.0091
55		0	0.00013	0.00028	0.00050	0.00070	0.0041
60		0	0.00008	0.00018	0.00030	0.00050	0.0022

水文統計與頻率分析

1

解釋名詞

(1)年超過量選用法 (*annual exceedence series*)。（85 水保檢覈，84 水利高考二級）

(2)迴歸週期 (*return period*)。（85 水保檢覈）

(3)通用極端值分佈 (*general extreme value distribution*)。（83 水利檢覈）

(4)對數皮爾遜III型分佈 (*log Pearson type III distribution*)。（84 中原土木）

(5)機率紙 (*probability paper*)。（85 水保檢覈）

(6)點繪法公式 (*plotting position formula*)。（85 水保檢覈）

(7)威伯定點法 (*Weibull's plotting position*)。（81 環工專技）

解答

(1)年超過量選用法：為水文學中的一種部分延時序列。此法是選定特殊的門檻值後，使得序列中超過此門檻值之資料數目恰等於紀錄中之年數。

(2)迴歸週期：水文學上將水文量大於或等於某一特定值之發生時距稱為重現期距，而此重現期距之平均值（或期望值）稱為重現期（即迴歸週期）。重現期一般以年為表示單位，所以某特定水文量所相對應之重現期，即表示發生大於或等於此水文量所需之平均年數。

(3)通用極端值分佈：極端值是從資料中選取最大值或最小值的集合，再進行統計分析。常見的極端值分佈有極端值 I、II、III 型，通用極端值分佈將此三種分佈表示為

$$F(x) = \exp\left[-\left(1 - k\frac{x-u}{\alpha}\right)^{1/k} \right]$$

式中 k、u 以及 α 為參數。當 $k = 0$ 時，即為極端值 I 型分佈；當 $k < 0$ 時，為極端值 II 型分佈，適用於 $(u + \alpha / k) \leq x \leq \infty$；當 $k > 0$ 時，為極端值 III 型分佈，適用於 $-\infty \leq x \leq (u + \alpha / k)$，以上均假設 α 為正值。

(4)對數皮爾遜 III 型分佈：對數皮爾遜 III 型分佈之邊界 ε 位置決定於資料的偏度，若資料為正偏則 $\log X \geq \varepsilon$ 且 ε 為下邊界，若當資料為負偏，則 $\log X \leq \varepsilon$ 且 ε 為上邊界。此分佈之機率密度函數可表示為

$$f(x) = \frac{\lambda^\beta (y - \varepsilon)^{\beta - 1} e^{-\lambda(y - \varepsilon)}}{x \Gamma(\beta)} \quad ; \log x \geq \varepsilon$$

式中 $y = \log x$；$\lambda = \dfrac{\sigma_y}{\sqrt{\beta}}$；$\beta = (\dfrac{2}{C_{sy}})^2$；$\varepsilon = \mu_y - \sigma_y \sqrt{\beta}$。

(5)機率紙：是一種繪圖紙，圖中縱座標為普通變量，橫座標為機率。若點繪某一特定分佈之累積分佈函數於該種機率紙上，必將成為一直線，而符合該分佈之實際資料，亦可繪成近似直線。

(6)點繪法公式：點繪法公式之通式可表示如下

$$p(X \geq x_m) = \frac{m - a}{n + 1 - 2a}$$

式中 a 為係數；m 為資料排序大小；n 為紀錄年數。當 $a = 0$ 時為 *Weibull* 公式，根據上式，即可將紀錄資料點繪在機率紙上。

(7)威伯定點法：目前水文分析是以點繪法公式中之 *Weibull* 公式較為普遍，此公式設定在資料中排序為第 m 大的紀錄值，所相對應重現期為

$$T = \frac{n + 1}{m}$$

式中 n 為紀錄之年數。 ◆

2

設 A 水庫之水位高於正常水位之機率為 0.7，B 水庫之水位低於正常

水位之機率為 0.2，又已知 A、B 兩水庫之水位均高於正常水位之機率為 0.6，試求：

㈠已知 A 水庫之水位高於正常水位之情況下，B 水庫之水位亦高於正常水位之機率。

㈡A、B 兩水庫中，任一水庫之水位高於正常水位之機率。（86 水保工程高考三級）

解答

A 水庫高於正常水位的機率 $P(A)=0.7$，B 水庫高於正常水位的機率 $P(B)=1-0.2=0.8$，兩水庫均高於正常水位之機率為 $P(A\cap B)=0.6$。

㈠在 A 水庫水位高於正常水位之情況下，B 水庫水位亦高於正常水位之機率

$$P(B|A)=\frac{P(A\cap B)}{P(A)}$$
$$=\frac{0.6}{0.7}=0.857$$

㈡任一水庫之水位高於正常水位之機率

$$P(A\cup B)=P(A)+P(B)-P(A\cap B)$$
$$=0.7+0.8-0.6=0.9$$

◆

3

興建防洪圍堤以保護低窪地區住戶之安全，設該圍堤之設計流量足以防禦 20 年重現期距之洪水，試推求：

㈠興建完成當年即溢堤之機率。

㈡興建完成第二年才溢堤之機率。

㈢興建完成後 20 年中不會溢堤之機率。（87 水保工程高考三級）

解答

(一)興建完成當年即溢堤之機率

$$P = \frac{1}{T} = \frac{1}{20} = 0.05$$

(二)興建完成第二年才溢堤之機率

$$P = \left(1 - \frac{1}{20}\right)\left(\frac{1}{20}\right) = 0.0475$$

(三)興建完成後 20 年中不會溢堤之機率

$$P = \left(1 - \frac{1}{20}\right)^{20} = 0.3585$$ ◆

4

重現期距為 50 年之洪水，在 50 年中，(1)只發生一次之機率，(2)發生三次之機率，(3)至少發生一次之機率。（88 淡江水環）

解答

(一)只發生一次之機率

$$P = C_1^{50}\left(\frac{1}{50}\right)^1\left(1 - \frac{1}{50}\right)^{49} = 0.3716$$

(二)發生三次之機率

$$P = C_3^{50}\left(\frac{1}{50}\right)^3\left(1 - \frac{1}{50}\right)^{47} = 0.0607$$

(三)至少發生一次之機率

$$P = 1 - \left(1 - \frac{1}{50}\right)^{50} = 0.6358$$ ◆

5

茲欲建一蓄水庫之水壩，必須先建一擋水副壩，其所需保護主壩之期間為五年；若以二十五年一次洪水頻率而言，試求在下列情況下擋水副壩溢頂之風險各為何：

㈠五年內可能發生一次者；

㈡五年內均不會發生者；

㈢在第一年發生者；

㈣在第四、第五年發生者。（84 中原土木）

解答

㈠五年內可能發生一次者

$$P = C_1^5 \left(\frac{1}{25}\right)^1 \left(1 - \frac{1}{25}\right)^4 = 0.1699$$

㈡五年內均不會發生者

$$P = \left(1 - \frac{1}{25}\right)^5 = 0.8154$$

㈢在第一年發生者

$$P = \frac{1}{25} = 0.04$$

㈣在第四年發生者

$$P = \left(1 - \frac{1}{25}\right)^3 \left(\frac{1}{25}\right)^1 = 0.0354$$

第五年發生者

$$P = \left(1 - \frac{1}{25}\right)^4 \left(\frac{1}{25}\right)^1 = 0.0340$$

◆

6

某一洪氾區由 A 與 B 兩河堤保護如右圖，其設計週期分別為 20 年與 50 年，假設兩河川之洪水事件具有獨立性，試問：

(一)該洪氾區每年之淹水機率為多少？

(二)為提高保護程度擬改建 A 河堤，其設計週期由原來之 20 年提高為 50 年，試問改建後第二年該洪氾區之淹水機率？

(三) A 河堤改建後，該洪氾區 10 年內淹水風險可降低多少？（87 成大水利）

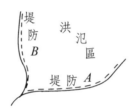

解答

兩河川之洪水事件具有獨立性，所以 $P(A \cap B) = P(A)P(B)$。

(一)洪泛區之淹水機率

$$P(A \cup B) = P(A) + P(B) - P(A \cap B)$$
$$= \frac{1}{20} + \frac{1}{50} - \frac{1}{20} \times \frac{1}{50} = 0.069$$

(二)改建後第二年該洪泛區之淹水機率

$$P(A \cup B) = \frac{1}{50} + \frac{1}{50} - \frac{1}{50} \times \frac{1}{50} = 0.0396$$

(三)在 A 河堤改建前，10 年內淹水機率為

$$P = 1 - (1 - 0.069)^{10} = 0.5108$$

當 A 河堤改建後，10 年內淹水機率為

$$P' = 1 - (1 - 0.0396)^{10} = 0.3324$$

因此淹水風險可降低 $0.5108 - 0.3324 = 0.1784$。　　　　　　　　　　◆

1

某一小集水區，面積為 $800\ ha$，區內河川長度 L 為 $2.5\ km$，河川平均坡度 s 為 0.035，該區降水強度-延時-頻率之關係可表示為：

$$I = 90T^{0.3}/(t + 12)^{0.45}$$

式中，I：降雨強度，cm/hr

$\quad T$：重現期距，年

$\quad t$：降雨延時，分鐘

假設集流時間 $t_c = 0.005\left(\dfrac{L}{\sqrt{s}}\right)^{0.64}$（$t_c$：*hours*，$L$：$m$，$s$：%），

逕流係數 $C = 0.7$，試估算該集水區 10 年及 50 年重現期距之設計流量。（89 水保檢覈）

解答

該集水區之集流時間為

$$t_c = 0.005\left(\frac{L}{\sqrt{s}}\right)^{0.64}$$
$$= 0.005\left(\frac{2500}{\sqrt{0.035}}\right)^{0.64} = 2.185\ hr = 131.1\ min$$

10 年與 50 年的降雨強度分別為

$$i = 90T^{0.3}/(t + 12)^{0.45}$$
$$i_{10} = \frac{90 \times 10^{0.3}}{(131.1 + 12)^{0.45}} = 19.24\ cm/hr$$
$$i_{50} = \frac{90 \times 50^{0.3}}{(131.1 + 12)^{0.45}} = 31.18\ cm/hr$$

以合理化公式計算設計流量

$$Q = CiA$$

$$Q_{10} = 0.7 \times 19.24 \times 800 \cdot \frac{10^4}{10^2 \times 3600} = 299.3 \ m^3/s$$

$$Q_{50} = 0.7 \times 31.18 \times 800 \cdot \frac{10^4}{10^2 \times 3600} = 485.0 \ m^3/s$$ ◆

8

某雨量站過去 20 年來之年一日最大暴雨量記錄如下：

雨量（mm）	180～200	200～220	220～280	280～300	300～320	320～340
年數	1	2	0	10	5	2

試推求：

(一)320 mm 以上之年一日最大暴雨量之重現期距。

(二) 20 年來年一日最大暴雨量之平均值。（82 水利普考）

解答

(一)表中320 mm 以上之紀錄出現過 2 次，因此

$$P = \frac{2}{20} = \frac{1}{10}$$

$$T = \frac{1}{P} = 10 \ yr$$

(二)最大暴雨量之平均值為

$$\overline{P} = \frac{190 \times 1 + 210 \times 2 + 290 \times 10 + 310 \times 5 + 330 \times 2}{20} = 286 \ mm$$ ◆

9

某河流的年最大洪水位 H，其機率密度函數示如下圖：

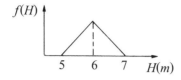

(一)求迴歸週期為 20 年的洪水位 H_{20} 為多少？

(二)在未來 20 年間，河流水位 H 將超過 H_{20} 至少一次的機率為多少？

(三)未來 5 年間，洪水位超過 H_{20} 恰為一次的機率為多少？

(四)未來 5 年間，洪水位超過 H_{20} 至多兩次的機率為多少？（82 水利中央薦任升等考試）

解答

(一)已知 $T = 20$ 年，則超越機率為

$$P(X \geq x) = \frac{1}{20} = 0.05$$

由於機率密度函數所圍成之面積應為 1，因此機率密度函數可表示為

$$f(H) = H - 5 \quad ; 5 \leq H \leq 6$$
$$f(H) = 7 - H \quad ; 6 \leq H \leq 7$$

故超越機率為 0.05 時，洪水位 H_{20} 為

$$\frac{(7 - H_{20})(7 - H_{20})}{2} = 0.05$$
$$H_{20} = 6.684 \, m$$

(二)在未來 20 年間，河流水位 H 將超過 H_{20} 至少一次的機率為

$$P = 1 - \left(1 - \frac{1}{20}\right)^{20} = 0.6415$$

(三)未來 5 年間，洪水位超過 H_{20} 恰為一次的機率為

$$P = C_1^5 \left(\frac{1}{20}\right)^1 \left(1 - \frac{1}{20}\right)^4 = 0.2036$$

(四)未來 5 年間，洪水位超過 H_{20} 至多兩次的機率為

$$P = \left(1 - \frac{1}{20}\right)^5 + C_1^5 \left(\frac{1}{20}\right)^1 \left(1 - \frac{1}{20}\right)^4 + C_2^5 \left(\frac{1}{20}\right)^2 \left(1 - \frac{1}{20}\right)^3 = 0.9988 \quad ◆$$

10

某水文量 X 之機率密度函數如下：

$$f(X) = \alpha X^2, \, 0 \le X \le 10$$
$$= 0 \, , \, 其他值$$

(一)求 α 值，

(二)求 X 之平均值（*mean*），

(三)求 X 之變方值（*variance*）。（82 水保丙等特考）

解答

(一)將機率密度函數積分即為累積機率

$$\int_{-\infty}^{\infty} f(x) dx = 1$$
$$\int_0^{10} \alpha X^2 \, dX = 1$$
$$\frac{\alpha}{3} X^3 \Big|_0^{10} = 1$$
$$\alpha = 0.003$$

(二)平均值可由機率密度函數之一次矩求得

$$\mu = \int_{-\infty}^{\infty} x f(x) dx$$
$$\mu = \int_0^{10} \alpha X^3 dX$$
$$= \frac{\alpha}{4} X^4 \Big|_0^{10}$$

$$\therefore \quad \mu = \frac{0.003}{4} \times 10^4 = 7.5$$

㈢變異數為機率密度函數對平均值的二次矩

$$\sigma^2 = \int_{-\infty}^{\infty} (x - \mu)^2 f(x)dx$$

$$\sigma^2 = \int_0^{10} (X - \mu)^2 \, \alpha X^2 dX$$

$$= \int_0^{10} (\alpha X^4 - 2\mu\alpha X^3 + \mu^2 \alpha X^2)dX$$

$$= \left(\frac{1}{5}\alpha X^5 - \frac{1}{2}\mu\alpha X^4 + \frac{1}{3}\mu^2 \alpha X^3 \right)\bigg|_0^{10}$$

$$= \frac{0.003}{5} \times 10^5 - \frac{7.5 \times 0.003}{2} \times 10^4 + \frac{7.5^2 \times 0.003}{3} \times 10^3$$

$$= 3.75$$

標準偏差 $\sigma = 1.9365$

11#

如何以動差法推求機率密度函數之參數？

解答

機率分佈之參數，是機率密度函數對原點的動差（ *moment* ），也就是等於相對應樣本資料的動差，各觀測值 x_i 對原點的一次矩（ *first moment* ）是力臂 x_i 及其質量 $1/n$ 之乘積，而所有資料之動差和即為樣本平均值

$$\sum_{i=1}^{n} \frac{x_i}{n} = \frac{1}{n} \sum_{i=1}^{n} x_i = \bar{x}$$

這也正是資料主體的形心，所以相對應機率密度函數之形心為

$$\mu = \int_{-\infty}^{\infty} x \, f(x)dx$$

同樣地，若設定機率分佈之二次矩（ *second moment* ）與三次矩（ *third moment* ）恰等同於其樣本值，則變異數即為二次中心動差（ *second central moment* ），$\sigma^2 = E[(x - \mu)^2]$；而偏度係數則為三次中心動差

(*third central moment*)，$\gamma = E[(x-\mu)^3]/\sigma^3$。 ◆

12#

已知指數分佈可表示為$f(x) = \lambda e^{-\lambda x}$，$x > 0$，試以動差法推求參數 λ。

解答

一階動差為

$$\mu = E(x) = \int_{-\infty}^{\infty} xf(x)dx = \int_0^{\infty} x\lambda e^{-\lambda x}dx$$

利用分部積分，定義$u = \lambda x$；$du = \lambda dx$；$dv = e^{-\lambda x}dx$；$v = (-1/\lambda)e^{-\lambda x}$，則上式變為

$$\begin{aligned}
\mu &= \lambda x(-1/\lambda)e^{-\lambda x}\Big|_0^{\infty} - \int_0^{\infty}(-1/\lambda)e^{-\lambda x}\lambda dx \\
&= -xe^{-\lambda x}\Big|_0^{\infty} + \int_0^{\infty}e^{-\lambda x}dx \\
&= [0-0] + (-1/\lambda)e^{-\lambda x}\Big|_0^{\infty}
\end{aligned}$$

式中$\lim_{x\to\infty}\dfrac{x}{e^{\lambda x}} = 0$；而且 $\lim_{x\to\infty}\dfrac{1}{\lambda e^{\lambda x}} = 0$，因此得到參數 λ 之值即為平均值的倒數

$$\lambda = \frac{1}{\mu}$$

◆

13#

如何以最大概似法推求機率密度函數之參數？

解答

機率分佈參數之最佳值，應為觀測樣本發生之可能性或合成機率的最大限度。假設樣本空間可切割成長度 dx 之區間，並取樣本內獨立且相同分佈的觀測值 $x_1, x_2, \cdots, x_n$，$X = x_i$ 之機率密度值為 $f(x_i)$，隨機變數發生於 x_i 區間內之機率為 $f(x_i)dx$，因觀測值為獨立，故發生之合成機率為其連乘積

$$f(x_1)dx\,f(x_2)dx\cdots f(x_n)dx = \left[\prod_{i=1}^{n}f(x_i)\right]dx^n$$

又區間大小 dx 為固定，所以若欲將觀測樣本之合成機率最大化，相當於概似函數 (*likelihood function*) 的最大化

$$L = \prod_{i=1}^{n}f(x_i)$$

因為有不少的機率密度函數為指數，所以有時較便利的作法為對數-概似函數

$$\ln L = \sum_{i=1}^{n}1\mathrm{n}[f(x_i)]$$

　　套用機率分佈於資料時，最大概似法是理論上最正確的方法，因為它可以非常有效率的推估參數，而且能夠讓這些推估的母數參數具有最少的平均誤差；但是，在某些機率分佈，樣本統計項目中所有的參數都沒有解析解，迫使對數-概似函數必須改用數值方法以達成最大化，這可能使問題變得十分困難。通常，動差法在應用上比最大概似法容易，同時更適用於實際的水文分析。　　◆

14#

試以最大概似法推求指數分佈之參數。

解答

以對數-概似函數表示為

$$\ln L = \sum_{i=1}^{n}1\mathrm{n}[f(x_i)] = \sum_{i=1}^{n}\ln(\lambda e^{-\lambda x_i}) = \sum_{i=1}^{n}(\ln\lambda - \lambda x_i) = n\ln\lambda - \lambda\sum_{i=1}^{n}x_i$$

$\ln L$ 最大值發生在 $\partial(\ln L)/\partial\lambda = 0$ 之時，因此

$$\frac{\partial(\ln L)}{\partial\lambda} = \frac{n}{\lambda} - \sum_{i=1}^{n}x_i = 0$$

$$\frac{1}{\lambda} = \frac{1}{n} \sum_{i=1}^{n} x_i$$

$$\lambda = \frac{1}{\bar{x}}$$

此結果與習題 9.12 利用動差法推導所得者相同。 ◆

15

某地延時 12 小時之年最大降雨量 X 具對數常態分佈（*Log-Normal Distribution*）。已知其降雨強度-延時-頻率曲線 (*IDF curve*) 如下圖，且 $\log_{10} X$ 之標準偏差為 0.18 *mm/hr*。試計算該地延時 12 小時，重現期距 T（*recurrence interval*）為 50 年之降雨深度為若干？（89 台大農工）

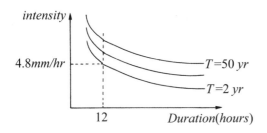
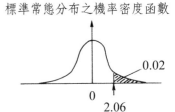

解答

當 $T = 2$ *yr* 時，延時 12 小時之降雨強度為 4.8 *mm/hr*，而超越機率 $P = 1/T = 1/2 = 0.5$，因此 $z = 0$

$$z = \frac{y - \bar{y}}{s_y}$$

$$z = \frac{\log 4.8 - \log \bar{x}}{0.18} = 0$$

$$\therefore \quad \bar{x} = 4.8 \ mm/hr$$

當 $T = 50$ *yr* 時，超越機率 $P = 1/50 = 0.02$，由圖中查知對應之 z 值為 2.06，降雨強度為

$$z = \frac{\log x - \log 4.8}{0.18} = 2.06$$

$$\therefore \quad x = 11.27 \ mm/hr \qquad \qquad \qquad \blacklozenge$$

16

某站之年最大流量為對數常態分佈，流量記錄（單位為 m^3/sec）取以 10 為底之對數後之平均值為 3.0，試求未來五年中發生二次大於或等於1,000 m^3/sec洪水之機率。（88 水利中央簡任升等考試，88 台大土木）

解答

平均流量為

$$\overline{Q} = 10^3 = 1000 \ m^3/s$$

頻率因子為

$$K = z = \frac{\log Q - \log \overline{Q}}{s_y} = \frac{\log 1000 - \log 1000}{s_y} = 0$$

發生平均流量之機率為

$$P(Q \geq \overline{Q}) = 1 - 0.5 = 0.5$$

未來五年中發生二次大於或等於1000 m^3/s之洪水機率為

$$P = C_2^5 (0.5)^2 (1 - 0.5)^3 = 0.3125 \qquad \qquad \blacklozenge$$

17

某測站年最大流量為對數常態分佈，流量的中值（*Median*）為 1,000 *cms*；又取以 10 為底之對數後，流量的標準偏差為 0.5。

㈠試求具有超越機率為 0.16 的設計流量值？

㈡試求第 5 年發生第 2 次大於或等於1,000 *cms*洪水之機率？

（提示：標準常態變量等於 1 時，累積機率等於 0.84。）（86 水保高考三級）

解答

已知$\bar{y}=3$ 以及 $s_y=0.5$。

㈠超越機率為 0.16，所以

$$P(Y \geq y)=0.16=1-0.84=1-F(z=1)$$

$$z=\frac{y-\bar{y}}{s_y}=\frac{y-3}{0.5}=1$$

$$\therefore \quad y=3.5$$

$$Q=10^{3.5}=3162.3 \ m^3/s$$

㈡第 5 年發生第 2 次大於或等於1000 m^3/s洪水之機率為

$$P=C_1^4(0.5)^1(1-0.5)^3(0.5)=0.125$$ ◆

18

回答下列有關頻率分析之問題：

㈠試說明如何利用頻率因子（*frequency factor*）K_T 計算迴歸週期（*return period*）為 T 之水文量 x_T。

㈡假設一水文變數 x 屬極端值第一類分佈，其累積機率曲線可表示如下：

$$P(x \leq x_T)=F(x_T)=\exp\left[-\exp\left(-\frac{x_T-u}{\alpha}\right)\right], \ -\infty \leq x_T \leq \infty$$

$$\alpha=\frac{\sqrt{6}}{\pi}s \ ; \ u=\bar{x}-0.5777\alpha$$

試推導此機率分佈之頻率因子 K_T（表示為 T 之函數）。（87 台大土木）

解答

(一)某特定重現期水文量之大小，可表示為

$$x_T = \bar{x} + s K_T$$

式中 x_T 為重現期為 T 之水文量大小；$\bar{x}$ 為水文資料之平均值；s 為水文資料之標準偏差；K_T 為頻率因子。上式表示重現期為 T 之水文量 x_T，等於水文資料之平均值加上一個變異量，而此變異量等於水文資料之標準偏差與頻率因子之乘積。

(二)因為

$$P(X \le x_T) = 1 - \frac{1}{T}$$

所以，極端值第一類分佈之累積機率為

$$1 - \frac{1}{T} = e^{-e^{-\left(\frac{x_T - u}{\alpha}\right)}}$$

$$\ln\left(1 - \frac{1}{T}\right) = -e^{-\left(\frac{x_T - u}{\alpha}\right)}$$

$$-\ln\left[-\ln\left(1 - \frac{1}{T}\right)\right] = \frac{x_T - u}{\alpha}$$

$$x_T = u - \alpha \ln\left[-\ln\left(1 - \frac{1}{T}\right)\right]$$

$$x_T = \left(\bar{x} - 0.5772 \frac{\sqrt{6}}{\pi} s\right) - \frac{\sqrt{6}}{\pi} s \ln\left[-\ln\left(1 - \frac{1}{T}\right)\right]$$

$$\therefore \quad x_T = \bar{x} + s\left\{-0.5772 \frac{\sqrt{6}}{\pi} - \frac{\sqrt{6}}{\pi} \ln\left[-\ln\left(1 - \frac{1}{T}\right)\right]\right\}$$

上式與頻率分析通式相比較，得知

$$K_T = \frac{\sqrt{6}}{\pi}\left\{-0.5772 - \ln\left[-\ln\left(1 - \frac{1}{T}\right)\right]\right\} \qquad \blacklozenge$$

19

某一地區內 40 年之洪水記錄若點繪於半對數紙上呈一直線，（迴歸年限繪於對數軸），40 年紀錄中之最小事件為 2500 *cms*，最大事件

是 8000 *cms*，請推求 *T*＝25 之事件，流量為多少？

若以 25 年一次之洪流量（*T*＝25）設計一堤防，該堤防之規劃壽年為 10 年，請問在規劃壽年中，該堤防破壞之機率為多少？（82 水保專技）

解答

(一)最小 (m＝40) 與最大 (m＝1) 事件之重現期分別為

$$T_m = \frac{n+1}{m}$$

$$T_{40} = \frac{40+1}{40} = 1.025$$

$$T_1 = \frac{40+1}{1} = 41$$

頻率因子則為

$$K_T = \frac{\sqrt{6}}{\pi}\left\{-0.5772 - \ln\left[-\ln\left(1-\frac{1}{T}\right)\right]\right\}$$

$$K_{1.025} = \frac{\sqrt{6}}{\pi}\left(-0.5772 - \ln\ln\frac{1.025}{1.025-1}\right) = -1.4730$$

$$K_{41} = \frac{\sqrt{6}}{\pi}\left(-0.5772 - \ln\ln\frac{41}{41-1}\right) = 2.4358$$

對應之洪水量為

$$x_T = \bar{x} + sK_T$$

$$Q_{1.025} = \bar{x} + s(-1.4730) = 2500$$

$$Q_{41} = \bar{x} + s(2.4358) = 8000$$

解得$\bar{x}$＝4572.7 m^3/s，s＝1407.1 m^3/s。因此，25 年之頻率因子與流量分別為

$$K_{25} = \frac{\sqrt{6}}{\pi}\left(-0.5772 - \ln\ln\frac{25}{25-1}\right) = 2.0438$$

$$Q_{25} = 4572.7 + 1407.1 \times 2.0438 = 7448.5 \ m^3/s$$

㈡堤防破壞之機率為

$$P = 1 - \left(1 - \frac{1}{25}\right)^{10} = 0.3352$$　◆

20

根據某河川 60 年之洪水資料得知該河川之平均年洪水量為 8,000 *cms*，其標準偏差為 1,500 *cms*，假設該河川流量適合極端值第一類分布。

㈠求該河川次年將發生超逾 10,000 *cms* 流量之機率。

㈡該 10,000 *cms* 之洪水在 5 年內發生之機率。

㈢該 10,000 *cms* 之洪水在 5 年內至少發生三次之機率。

㈣該 10,000 *cms* 之洪水在 10 年內不會發生之機率。

㈤求迴歸週期為 50 年之洪水量。（88 水利中央薦任升等考試）

解答

㈠先計算10000 m^3/s的頻率因子

$$x_T = \bar{x} + sK_T$$
$$10000 = 8000 + 1500\,K_T$$
$$\therefore \quad K_T = 1.3333$$

其重現期為

$$K_T = \frac{\sqrt{6}}{\pi}\left\{-0.5772 - \ln\left[-\ln\left(1 - \frac{1}{T}\right)\right]\right\}$$
$$1.3333 = \frac{\sqrt{6}}{\pi}\left(-0.5772 - \ln\ln\frac{T}{T-1}\right)$$
$$\therefore \quad T = 10.4 \; yr$$

超越機率為

$$P = 1/10.4 = 0.0962$$

㈡在 5 年內發生之機率

$$P = 1 - (1 - 0.0962)^5 = 0.3969$$

㈢在 5 年內至少發生三次之機率

$$P = 1 - (1 - 0.0962)^5 - C_1^5(0.0962)^1(1 - 0.0962)^4 -$$
$$C_2^5(0.0962)^2(1 - 0.0962)^3 = 0.0077$$

另一種計算方式為

$$P = C_3^5(0.0962)^3(1 - 0.0962)^2 + C_4^5(0.0962)^4(1 - 0.0962)^1 +$$
$$C_5^5(0.0962)^5 = 0.0077$$

㈣在 10 年內不會發生之機率

$$(1 - 0.0962)^{10} = 0.3637$$

㈤迴歸週期為 50 年之洪水量

$$K_{50} = \frac{\sqrt{6}}{\pi}\left(-0.5772 - \ln\ln\frac{50}{50-1}\right) = 2.5923$$
$$Q_{50} = 8000 + 1500 \times 2.5923 = 11888.5 \quad m^3/s$$

21

某水文站 40 年記錄年數之洪水量分析結果如下：

重現期距（年）	洪水量
5	500
100	800

試求：㈠重現期距為 50 年之洪水量。

　　　㈡重現期距為 10 年之洪水在 3 年內會發生的機率。（87 水保專技）

已知該洪水量適合極端值第一類分布，且記錄年數為 40 年之重現期距與頻率因子對應值如下：

重現期距（年）	頻率因子
5	0.838
50	2.94
100	3.55

解答

先求算紀錄之統計參數

$$x_T = \bar{x} + sK_T$$
$$500 = \bar{x} + s \times 0.838$$
$$800 = \bar{x} + s \times 3.55$$

解得 $\bar{x} = 407.3 \ m^3/s$ ， $s = 110.6 \ m^3/s$ 。

(一)重現期為 50 年之洪水量為

$$Q_{50} = 407.3 + 110.6 \times 2.94 = 732.5 \ m^3/s$$

(二)重現期為 10 年之洪水在 3 年內會發生的機率

$$P = 1 - \left(1 - \frac{1}{10}\right)^3 = 0.271$$

◆

22

下表所列為某河川流量站之年最大洪水流量系列。試：

(1)以「第一型極端值分布」推求該處之 25，50 及 100 年頻率洪水流量。

(2)推求該處未來 15 年中洪水流量等於或超過 700 m^3/s 的風險度。（86 水利中央簡任升等考試）

年次	1	2	3	4	5	6	7	8	9	10
流量 (m^3/s)	43	170	43	154	31	75	114	124	652	94
年次	11	12	13	14	15	16	17	18	19	20
流量 (m^3/s)	36	323	312	346	198	91	92	175	115	207
年次	21	22	23	24	25	26	27	28	29	30
流量 (m^3/s)	110	126	110	150	218	139	70	258	174	195

註：第一型極端值分布之關係示如下：

$$F(x) = \exp[-\exp(-y)]$$
$$y = \frac{x - u}{\alpha}$$
$$\alpha = \frac{\sqrt{6}}{\pi}s$$
$$u = \bar{x} - 0.5772\alpha$$

解答

計算紀錄之統計參數，其平均值與標準偏差分別為

$$\bar{x} = \frac{1}{n}\sum_{i=1}^{n}x_i$$
$$= 164.8 \ m^3/s$$
$$s = \sqrt{\frac{1}{n-1}\sum_{i=1}^{n}(x_i - \bar{x})^2}$$
$$= 123.8 \ m^3/s$$

㈠各頻率因子為

$$K_T = \frac{\sqrt{6}}{\pi}\left\{-0.5772 - \ln\left[-\ln\left(1 - \frac{1}{T}\right)\right]\right\}$$
$$K_{25} = \frac{\sqrt{6}}{\pi}\left(-0.5772 - \ln\ln\frac{25}{25-1}\right) = 2.0438$$
$$K_{50} = \frac{\sqrt{6}}{\pi}\left(-0.5772 - \ln\ln\frac{50}{50-1}\right) = 2.5923$$

$$K_{100} = \frac{\sqrt{6}}{\pi}\left(-0.5772 - \ln\ln\frac{100}{100-1}\right) = 3.1367$$

對應之洪水流量為

$$x_T = \bar{x} + sK_T$$
$$Q_{25} = 164.8 + 123.8 \times 2.0438 = 417.8 \ m^3/s$$
$$Q_{50} = 164.8 + 123.8 \times 2.5923 = 485.7 \ m^3/s$$
$$Q_{100} = 164.8 + 123.8 \times 3.1367 = 553.1 \ m^3/s$$

(二)推求超過700 m^3/s 之重現期

$$700 = 164.8 + 123.8 \times K$$
$$\therefore \ K = 4.3231$$
$$4.3231 = \frac{\sqrt{6}}{\pi}\left(-0.5772 - \ln\ln\frac{T}{T-1}\right)$$
$$\therefore \ T = 456 \ yr$$

風險度為

$$P = 1 - \left(1 - \frac{1}{456}\right)^{15} = 0.0324$$

另一種計算重現期的方法為

$$\alpha = \frac{\sqrt{6}}{\pi}S$$
$$= \frac{\sqrt{6}}{\pi} \times 123.8 = 96.5$$
$$u = \bar{x} - 0.5772\alpha$$
$$= 164.8 - 0.5772 \times 96.5 = 109.1$$
$$y = \frac{x - u}{\alpha}$$
$$= \frac{700 - 109.1}{96.5} = 6.1233$$
$$P(x \geqslant x_T) = 1 - F(x_T)$$
$$= 1 - e^{-e^{-y}}$$
$$= 1 - e^{-e^{-6.1233}} = 2.19 \times 10^{-3}$$

$$T = \frac{1}{P}$$

$$= \frac{1}{2.19 \times 10^{-3}} = 457 \ yr \quad \blacklozenge$$

23

㈠某大壩施工時以導水隧道導引河水,若在 5 年的施工期間容許的風險為 18.5%,試求導水隧道設計流量的重現期距?

㈡若壩址處之年最大流量為甘保 (Gumbel) 分布,流量記錄之平均值為120 cms,標準偏差為90 cms,試求導水隧道的設計流量?

㈢試求連續 5 年發生二次大於或等於120 cms洪水之機率?(83 水利省市升等考試)

解答

㈠重現期為

$$P = 1 - \left(1 - \frac{1}{T}\right)^5 = 0.185$$

$$\therefore \quad T = 25 \ yr$$

㈡頻率因子與設計流量分別為

$$K_T = \frac{\sqrt{6}}{\pi}\left\{-0.5772 - \ln\left[-\ln\left(1 - \frac{1}{T}\right)\right]\right\}$$

$$K_{25} = \frac{\sqrt{6}}{\pi}\left(-0.5772 - \ln\ln\frac{25}{25-1}\right) = 2.0438$$

$$x_T = \bar{x} + s K_T$$

$$Q_{25} = 120 + 90 \times 2.0438 = 303.9 \ m^3/s$$

㈢流量平均值 $120 m^3/s$ 之重現期為 2.33 年,因此發生二次大於或等於 $120 m^3/s$ 洪水之機率為

$$P = C_2^5\left(\frac{1}{2.33}\right)^2\left(1 - \frac{1}{2.33}\right)^3 = 0.3426 \quad \blacklozenge$$

24

假設某流域水文站之年最大流量可由對數皮爾生第三類分布（*log-Pearson type III distribution*）加以套配，如將流量記錄取以 10 為底之對數後，其平均值為 2.07、標準偏差為 0.701、偏度係數為 0.6。今擬在水文站附近河段興建堤防，其設計流量為 1000 *cms*。試求：

(一)未來 5 年中會發生 1 次洪水溢堤之機率。

(二)未來 5 年中至少會發生 2 次洪水溢堤之機率。

(三)未來 5 年中只有第 3 年會發生洪水溢堤之機率。（85 水利檢覈）

提示：(A) 標準常態分布累積機率表：

Z	0	0.8416	1.2816	1.6449	2.3264
$F(Z)$	0.5	0.8	0.9	0.95	0.99

(B) 皮爾生第三類分布頻率因子 K_T 之近似公式：

$$K_T = \frac{2}{C_s}\left\{\left[\left(Z - \frac{C_s}{6}\right)\frac{C_s}{6} + 1\right]^3 - 1\right\}$$

註：Z：標準化變量；

　　C_s：偏度係數。

解答

設計流量取對數後為 $\log 1000 = 3$，先求算設計流量之重現期

$$y_T = \bar{y} + s_y K_T$$

$$3 = 2.07 + 0.701 \times K$$

∴　$K = 1.3267$

$$K_T = \frac{2}{C_s}\left\{\left[\left(Z - \frac{C_s}{6}\right)\frac{C_s}{6} + 1\right]^3 - 1\right\}$$

$$1.3267 = \frac{2}{0.6}\left\{\left[\left(z - \frac{0.6}{6}\right)\frac{0.6}{6} + 1\right]^3 - 1\right\}$$

$$\therefore \quad z = 1.2816$$

當 $z = 1.2816$ 時，$F(1.2816) = 0.9$，故超越機率與重現期分別為

$$P = 1 - F(z) = 0.1$$
$$T = 1/0.1 = 10 \; yr$$

㈠未來 5 年中會發生 1 次洪水溢堤之機率

$$P = C_1^5 \left(\frac{1}{10}\right)^1 \left(1 - \frac{1}{10}\right)^4 = 0.32805$$

㈡未來 5 年中至少會發生 2 次洪水溢堤之機率

$$P = 1 - \left(1 - \frac{1}{10}\right)^5 - C_1^5 \left(\frac{1}{10}\right)^1 \left(1 - \frac{1}{10}\right)^4 = 0.08146$$

㈢未來 5 年中只有第 3 年會發生洪水溢堤之機率

$$P = \left(1 - \frac{1}{10}\right)\left(1 - \frac{1}{10}\right)\left(\frac{1}{10}\right)\left(1 - \frac{1}{10}\right)\left(1 - \frac{1}{10}\right) = 0.06561 \qquad \blacklozenge$$

25

㈠某大壩施工時以擋水壩保護大壩施工區，若在三年的大壩施工期間只容許有 27.1% 的風險，試問該擋水壩係針對多少年重現期距的流量而設計？

㈡若壩址處之年最大流量為對數皮爾森第三類 (*log−Pearson type* III) 分布，流量記錄之單位為 *cms*，取以 10 為底之對數後，其平均值為 3.0，標準偏差為 0.4，偏態係數 C_s 為 0.6，試求擋水壩的設計流量。（83 水利高考二級）

提示：皮爾森第三類分布頻率因子近似公式：

$$K_T = \frac{2}{C_s}\left\{\left[\left(Z - \frac{C_s}{6}\right)\frac{C_s}{6} + 1\right]^3 - 1\right\}$$

標準常態分布累積機率表：

Z	0	0.8416	1.2816	1.6449	2.3264
$F(Z)$	0.5	0.8	0.9	0.95	0.99

解答

(一)由風險計算重現期

$$P = 1 - \left(1 - \frac{1}{T}\right)^3 = 0.271$$

$$\therefore \quad T = 10 \ yr$$

(二)已知 $P = 1/10 = 0.1$，所以累積機率為 $F(z) = 0.9$，查表得知 $z = 1.2816$，因此頻率因子與設計流量分別為

$$K_T = \frac{2}{C_s}\left\{\left[\left(Z - \frac{C_s}{6}\right)\frac{C_s}{6} + 1\right]^3 - 1\right\}$$

$$= \frac{2}{0.6}\left\{\left[\left(1.2816 - \frac{0.6}{6}\right)\frac{0.6}{6} + 1\right]^3 - 1\right\} = 1.3267$$

$$y_T = \bar{y} + s_y K_T$$

$$y_{10} = 3 + 0.4 \times 1.3267 = 3.5307$$

$$\therefore \quad Q_{10} = 10^{3.5307} = 3393.9 \ m^3/s \qquad \blacklozenge$$

26

(一)試簡述頻率分析 (*Frequency analysis*) 中圖解法的步驟？其有何缺點？

(二)試繪圖說明迴歸週期 (*return period*) 的統計意義。（87 海大河工）

解答

(一)頻率分析是利用事件之紀錄，以統計方法推估某事件發生的可能性。若該事件符合特定之機率分佈，則將紀錄值點繪於此機率分佈之機率紙上，必將呈現一直線關係。分析步驟為：

1. 以年超過值序列或極端值序列選取合適的水文資料；
2. 將水文資料依大小排序，指定最大值為 $m=1$，次大值 $m=2$，依此類推最小值為 $m=n$；
3. 以繪點位置公式，判定第 m 大紀錄值所對應的重現期。例如，以 *Weibull* 公式表示為

$$T = \frac{n+1}{m} \; ;$$

4. 選擇適當的機率紙；
5. 點繪紀錄資料並尋找最近似之直線。

　　機率點繪法之缺點有：

1. 出現兩個以上相同數值之紀錄時，須變通地給定不同的排序值以決定其繪點位置。
2. 獲知水文紀錄範圍以外之歷史事件時，須給定其排序大小，方能將此數據併入機率圖中。
3. 不易解決離開本體資料趨勢甚遠之離散點（ *outlier* ）問題。
4. 紀錄資料不足時，可靠度降低。
5. 樣本與母體之統計參數不相等時，外插較高重現期的結果，可能會有相當大的誤差。
6. 在機率圖上呈現近似直線之數據，並無法客觀地判定該組資料即為符合機率紙之機率分佈。

㈡將水文量大於或等於某一特定值之發生時距稱為重現期距；而此重現期距之平均值稱為重現期或稱為迴歸週期。重現期一般以年為表示單位；所以某特定水文量所相對應之重現期，即表示發生大於或等於此水文量所需之平均年數 T。基隆河流域五堵流量站，由民國 67 年至民國 86 年之最大流量紀錄，在常態分佈與極端值分佈下所繪成之機率圖如下所示。

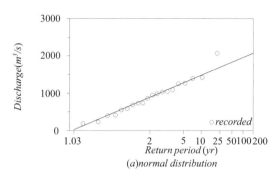

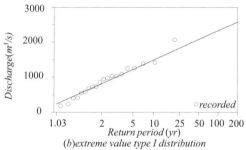

圖 9.26

27

某測站 19 年來的年最大流量如下表所示，現擬於該測站興建大垻，大垻施工時以圍堰保護大垻施工區，若在三年的施工期間只容許 27.1%的風險，試求圍堰的設計流量？（83 環工專技）

（採用韋伯（*Weibull*）點繪公式）

年	1	2	3	4	5	6	7	8	9	10	11	12	13	14	15	16	17	18	19
流量 (*cms*)	380	350	410	400	430	455	370	320	290	465	520	485	500	330	360	420	435	445	390

解答

風險之重現期為

$$P = 1 - \left(1 - \frac{1}{T}\right)^3 = 0.271$$

$$\therefore \quad T = 10 \ yr$$

此重現期在*Weibull* 公式中之排序為

$$P = \frac{1}{T} = \frac{m}{n+1}$$

$$\frac{1}{10} = \frac{m}{19+1}$$

$$\therefore \quad m = 2$$

表中排序為 2 之流量為500 m^3/s。 ◆

28#

如何判定頻率分析結果的可靠度（*reliability*）？

解答

頻率分析結果的可靠度，決定於假設的機率模式能否良好地應用在某組水文資料。統計推估常呈現一稱作信賴區間（*confidence interval*）之範圍，代表可以合理地期望真值位於其內，信賴區間大小決定於信賴度，信賴區間的上下邊界值稱作可信界限（*confidence limit*）。

推估某迴歸週期為 T 之事件大小，其上限 $U_{T,a}$ 與下限 $L_{T,a}$ 可由頻率因子公式核定為

$$U_{T,a} = \bar{y} + s_y K_{T,a}^U$$

$$L_{T,a} = \bar{y} + s_y K_{T,a}^L$$

式中$K_{T,a}^U$ 與$K_{T,a}^L$ 分別為上、下可信界限因子，這些因子的近似值為

$$K_{T,\alpha}^U = \frac{K_T + \sqrt{K_T^2 - ab}}{a}$$

$$K_{T,\alpha}^L = \frac{K_T - \sqrt{K_T^2 - ab}}{a}$$

式中

$$a = 1 - \frac{z_\alpha^2}{2(n-1)}$$

$$b = K_T^2 - \frac{z_\alpha^2}{n}$$

z_α 值為超過機率 α 的標準常態變數；n 為資料數。 ◆

29#

例題 9-5 估算基隆河重現期為 100 年之流量，其可信界限應為多少？

解答

對數資料之統計參數為 $\bar{y} = 2.88388$；$s_y = 0.2669$；$n = 20$。若信賴度 $\beta = 0.95$ 則顯著度 $\alpha = 0.05$，累積機率為 0.95 之 $z_\alpha = 1.645$，而 100 年重現期的超越機率為 0.01，對應之 K_{100} 為 2.326，因此

$$a = 1 - \frac{z_\alpha^2}{2(n-1)} = 1 - \frac{1.645^2}{2(20-1)} = 0.9288$$

$$b = K_T^2 - \frac{z_\alpha^2}{n} = 2.326^2 - \frac{1.645^2}{20} = 5.2750$$

$$K_{100,0.05}^U = \frac{K_T + \sqrt{K_T^2 - ab}}{a}$$

$$= \frac{2.326 + \sqrt{2.326^2 - 0.9288 \times 5.2750}}{0.9288} = 3.2738$$

$$K_{100,0.05}^L = \frac{K_T - \sqrt{K_T^2 - ab}}{a}$$

$$= \frac{2.326 - \sqrt{2.326^2 - 0.9288 \times 5.2750}}{0.9288} = 1.7348$$

計算可信界限為

$$U_{100,0.05} = \bar{y} + s_y K^U_{100,0.05} = 2.88388 + 0.2669 \times 3.2738 = 3.7577$$
$$L_{100,0.05} = \bar{y} + s_y K^L_{100,0.05} = 2.88388 + 0.2669 \times 1.7348 = 3.3469$$

上下界限對應的流量分別為 $10^{3.7577} = 5724$ m^3/s 和 $10^{3.3469} = 2223$ m^3/s。回顧例題 9-5，由對數常態分佈所推估重現期為 100 年之流量為 3197 m^3/s，可見此界限寬度十分的大，若樣本規模增加，則在推估的洪水量附近，其信賴區間寬度將縮小。　　　　◆

水文量測

1

解釋名詞

(1)推估流速之一點法。（87 水利專技）

(2)#洪痕水尺。（88 水利檢覈）

解答

(1)推估流速之一點法：一點法又稱為六分水深法 (*six-tenths depth method*)，在深度小於 3.0 *m* 以下之河川，可以水面下 0.6 倍水深處所測得的流速視為斷面平均流速 $\overline{V}$，即

$$\overline{V} = V_{0.6}$$

此作法亦可稱為單點觀測法。

(2)洪痕水尺：在未設置自記水位計的地點，用以觀測洪峰水位之水尺。洪峰水位尺 (*crest stage gage*) 通常是利用軟木粉或軟木塞，黏附在連通河水的水管內，以記錄最高水位。　　　　◆

2

(一)降水量測的方法有哪些？

(二)某雨量計收集器（直徑為 8 英吋）正量測某場暴雨。由於遭到碎片覆蓋，導致面積減少 30%，今量測到的總雨量深度為 0.51 英吋，試問實際的總雨量深度為多少？（83 水利高考二級）

解答

(一)降雨量測的方法有：

　　1. 非自記式雨量計：一般之記錄方式為每日定時量測累積雨量，記錄為該日之雨量。

　　2. 自記式雨量計：可連續記錄降雨量在時間上的變化情形，以提供暴雨分析中之逐時降雨強度及降雨延時資料，三種常見的自

記式雨量計為傾斗式雨量計、衡重式雨量計與浮標式雨量計。

3. 雷達雨量量測:氣象雷達是觀測暴雨中心位置與暴雨移動之有效儀器,大面積之降雨量可經由雷達觀測迅速做出預測。

㈡雨量計之量筒面積通常為承雨口面積的 1/10,故實際暴雨之雨量為

0.51/10 = 0.051 *inch*

又承雨口有 30% 之面積為樹葉所遮蔽,所以正確之雨量應為

0.051/(1 − 30%) = 0.073 *inch* ◆

3

在量測河川流速時,在垂直方向,若水深較淺時可只量一點,試問應在哪一點量測?若水較深時,至少需量二點,試問應選哪二點?原因為何?(84 水利檢覈)

解答

一般在深度小於 3.0 *m* 以下之河川,可以水面下 0.6 倍水深處所測得的流速視為斷面平均流速 $\bar{V}$,即

$$\bar{V} = V_{0.6}$$

此作法稱為單點觀測法。對於較深河川之流速,由於河川水流之斷面垂直流速為不均勻分佈,故需以水面下 0.2 倍水深的流速 $V_{0.2}$ 與水面下 0.8 倍水深的流速 $V_{0.8}$ 取其平均,即

$$\bar{V} = \frac{1}{2}(V_{0.2} + V_{0.8})$$ ◆

4

某試驗求得流速 V（公分／秒）與流速儀之轉數 N（轉數／分）如下：

試驗次別	1	2	3	4	5
V	40	50	65	75	79
N	25	50	100	150	200

若其關係式滿足 $V = a + bN$

㈠試以最小二乘方法推求 a 與 b 兩值。

㈡若利用該流速儀測得轉數 $N = 120$，試以㈠之結果推求河川流速。

㈢若利用該流速儀測得轉數 $N = 300$ 時，可否以㈠之結果推求河川流速？試述其理由。（87 環工專技）

解答

㈠利用迴歸方式將流速與轉速之正規方程式表示為

$$\Sigma V = na + b\Sigma N$$
$$\Sigma NV = a\Sigma N + b\Sigma N^2$$

式中 n 為資料總數。因此係數 a 與 b 分別為

$$a = \frac{\begin{vmatrix} \Sigma V & \Sigma N \\ \Sigma NV & \Sigma N^2 \end{vmatrix}}{\begin{vmatrix} n & \Sigma N \\ \Sigma N & \Sigma N^2 \end{vmatrix}} = \frac{\Sigma V \Sigma N^2 - \Sigma N \Sigma NV}{n\Sigma N^2 - (\Sigma N)^2}$$

$$b = \frac{\begin{vmatrix} n & \Sigma V \\ \Sigma N & \Sigma NV \end{vmatrix}}{\begin{vmatrix} n & \Sigma N \\ \Sigma N & \Sigma N^2 \end{vmatrix}} = \frac{n\Sigma NV - \Sigma N \Sigma V}{n\Sigma N^2 - (\Sigma N)^2}$$

計算 $\Sigma N = 525$；$\Sigma N^2 = 75625$；$\Sigma V = 309$ 以及 $\Sigma NV = 37050$，因此

$$a = \frac{309 \times 75625 - 525 \times 37050}{5 \times 75625 - 525^2} = 38.21$$

$$b = \frac{5 \times 37050 - 525 \times 309}{5 \times 75625 - 525^2} = 0.22$$

(二)當 $N = 120$ 時

$$V = 38.21 + 0.22N = 38.21 + 0.22 \times 120 = 65 \ \ cm/s$$

(三)當 $N = 300$ 時

$$V = 38.21 + 0.22 \times 300 = 104 \ \ cm/s$$

一般而言，迴歸公式只適用於觀測紀錄範圍內之結果，因此轉速 300 時之流速僅可作為參考。 ◆

5

河川水流之率定曲線如何推得，其用途為何？而曲線會產生遲滯現象，其原因又為何？（87 逢甲水利轉學考）

解答

率定曲線是表示河川上某測站水位與流量關係之曲線。由於流量之量測不僅耗時而且費力，更不易作長時間的連續觀測，因此若以定期的資料繪製檢定曲線，則平時只需記錄河川水位，便可查知當時所對應的河川流量。

率定曲線在洪水期間會形成一個迴圈，稱為遲滯效應。此效應與洪水歷程有關，對同一水位而言，洪水上漲時之流量較洪水消退時為大；而對同一流量而言，洪水上漲時之水位較洪水消退時為低。形成此一現象之主要原因為能量坡降的變化，洪水期間水面坡度並不等於河川底床坡度。在同一水位情況下，洪水上漲時之能量坡降較大，因此流速較快，流量較大。而次要原因則為通水面積的

不同，洪水上漲期間，水流集中於主河槽內並沖刷河川底床，因此通水斷面積較大，流量較大；洪水消退時則反之。 ◆

6

解釋下列名詞並述明該曲線之製作方法。

㈠率定曲線；

㈡恆定落差率定曲線；

㈢正常落差率定曲線。（88 淡江水環博士班入學考）

解答

㈠率定曲線是表示河川上某測站水位與流量關係之曲線。此曲線近似拋物線，為避免曲線出現不規則情況，水位站必須設於具有良好定型橫斷面之長直、穩定河段，且該位置應不受迴水影響，如此才能在長期間內維持合理的關係。當率定曲線存有誤差時，則需校正為恆定落差率定曲線或正常落差率定曲線。

㈡恆定落差率定曲線適用於小型河川，因其水位落差較小且固定。作法是先在水位站下游設立一輔助水位站，基本水尺與輔助水尺間之距離，最好能使其平均落差達到 30 cm 以上，以減少觀測誤差的影響。將歷年之水位與流量繪圖並標註所對應之 F/F_0，以距離比例法均勻繪出 $F/F_0 = 1$ 之曲線，即為恆定落差率定曲線。此一曲線可表示為

$$\frac{Q}{Q_0} = \left(\frac{F}{F_0}\right)^K$$

式中 Q_0 代表水位為 H 時對應於恆定落差 F_0 之流量；若將 F/F_0 與 Q/Q_0 繪於雙對數紙上，則直線斜率即為參數 K 之值。任何時刻所觀測到的水位與落差，經由計算 F/F_0 之值而查得相對應的 Q/Q_0，乘上 Q_0 即為修正後之流量 Q。

㈢正常落差率定曲線則適用於較大之河川，因其落差變化過大，使得同一落差可對應至兩個不同水位。所以必須由歷年紀錄繪出主水位與落差之關係，稱為正常落差曲線，再由此一曲線求得只對應到一個水位 H 以及流量 Q_n 之正常落差 F_n，一旦 F_n 決定後，其餘繪製步驟與恒定落差率定曲線相同。在水位-流量圖中，$F/F_n = 1$ 之曲線即稱作正常落差率定曲線，表示為

$$\frac{Q}{Q_n} = \left(\frac{F}{F_n}\right)^K$$

同理，水位站之流量 Q，即可由水位 H 與落差 F 得到。　　◆

7

試說明如何利用蔡氏 (*Chezy*) 或曼寧 (*Manning*) 公式來延伸率定曲線 (*Rating Curve*)，並說明其假設條件為何？（89 水保檢覈）

解答

在寬廣的河川中，水力半徑可以平均水深 D 代替，因此蔡斯公式可將流量表示為

$$Q = KA\sqrt{D}$$

式中 A 為通水斷面積；K 為係數。將 $A\sqrt{D}$ 與 Q 繪圖，可得一近似直線，直線斜率即為 K 值，當洪水水位高於既有之 $A\sqrt{D}$ 值時，即可由上式所延伸之曲線查得流量 Q。

曼寧公式將流量表示為

$$Q = \frac{1}{n}AD^{\frac{2}{3}}S^{\frac{1}{2}} = KAD^{\frac{2}{3}}$$

式中 $K = \frac{1}{n}S^{\frac{1}{2}}$。將 $AD^{\frac{2}{3}}$ 與 Q 繪於對數紙上亦成為一直線，率定曲線即可由此直線延伸。

以蔡斯公式延伸率定曲線的作法稱為史蒂文延伸法 (*Steven's method*)，以曼寧公式延伸者則稱作坡降面積法 (*slope-area method*)。此外，對數延伸法將流量表示為

$$Q = a(H - z)^b$$

式中 *a*、*b* 與 *z* 為測站之係數。而斷面流速法則表示為

$$Q = AV$$

適用於河槽有固定斷面之水位站。至於二點關係法則是分析流量與流域面積之比例，以尋求下游某處率定曲線的方法。 ◆

8

某河段水位及流量之觀測記錄如下：

主要水位站 水位 (*m*)	輔助水位站 水位 (*m*)	流　量 (*cms*)
30.0	29.0	2,500
30.0	27.0	4,700

試推求當主要水位站水位為 30.0 *m* 及輔助水位站水位為 28.0 *m* 時之流量。（88 水利中央薦任升等考試）

解答

不論是恒定落差法或是正常落差法，假設水位為 *H* 且落差為 *F* 時，其流量為 *Q*，則落差為 F_1 時流量應修正為 Q_1，因此

$$\frac{Q_1}{Q} = \left(\frac{F_1}{F}\right)^K$$

同理，落差為 F_2 時流量修正為 Q_2

$$\frac{Q_2}{Q} = \left(\frac{F_2}{F}\right)^K$$

兩式相除得到

$$\frac{Q_1}{Q_2} = \left(\frac{F_1}{F_2}\right)^K$$

由觀測紀錄計算水位站之係數 K

$$\frac{2500}{4700} = \left(\frac{30-29}{30-27}\right)^K$$

$$\therefore \quad K = 0.5746$$

因此當水位為 $30.0\ m$ 且落差為 $2.0\ m$ 時，流量為

$$\frac{2500}{Q} = \left(\frac{30-29}{30-28}\right)^{0.5746}$$

$$\therefore \quad Q = 3723\ m^3/s$$

◆

9

已知某河川水文站之流量 Q 與水位 H 之紀錄如下：

$H(m)$	1.6	1.9	2.2	2.5	3.0	3.6	4.5
$Q(cms)$	1.8	4.5	6.0	8.2	12.5	18.0	31.2

設由對數延伸法得 $Q = a(H-z)^2$，試決定 a 及 z 值。（86 水利高考三級）

解答

對數延伸法是先繪製 Q 與 $(H-z)$ 於對數或半對數紙上，以試誤法尋找出最近似直線之 z 值，再分別求得 $Q = a(H-z)^b$ 中之係數 a 與 b。一般並無法找出適於所有率定範圍的固定常數，假設率定曲線將應

用於中高流量，取 $H = 4.5$ m 與 $H = 2.2$ m 兩組數據分析，則

$$31.2 = a(4.5 - z)^2$$
$$6.0 = a(2.2 - z)^2$$

兩式相除即可得到 z 值

$$\frac{31.2}{6.0} = \frac{(4.5 - z)^2}{(2.2 - z)^2}$$

解得 $z = 2.9$（不合理）或 $z = 0.4$（採用），因此

$$Q = a(H - 0.4)^2$$
$$\log Q = \log a + 2 \log(H - 0.4)$$
$$\Sigma \log Q = \Sigma \log a + 2\Sigma \log(H - 0.4)$$

計算 $\Sigma \log Q = 6.447$；$\Sigma \log(H - 0.4) = 2.336$，代回上式得

$$6.447 = 7 \log a + 2 \times 2.336$$
$$\therefore \quad a = 1.8$$

故率定曲線為 $Q = 1.8(H - 0.4)^2$。 ◆

10

試以下表測量數據計算河川流量，流速儀之公式如下 $V = 0.1 + 2.2N$。
（89 淡江水環）

距岸邊距離 （英呎）	水　深 （英呎）	流速儀深度 （英呎）	轉數	時間 （秒）
2	1	0.6	10	50
4	3.5	2.8	22	55
		0.7	35	52
6	5.2	4.2	28	53
		1.0	40	58

9	6.3	5.0	32	58
		1.3	45	60
11	4.4	3.5	28	45
		0.9	33	46
13	2.2	1.3	22	50
15	0.8	0.5	12	49
17	0			

解答

將數據整理如下表所示，得知河川流量為 73.57 cfs。

表 10.10

(1) 距岸邊距離 (ft)	(2) 水深 (ft)	(3) 流速儀深度 (ft)	(4) N (轉數/秒)	(5) 流速 (ft/s)	(6) 平均流速 (ft/s)	(7) 斷面寬度 (ft)	(8) 流量 (cfs)
2	1	0.6	0.20	0.54	0.54	3	1.62
4	3.5	2.8	0.40	0.98	1.28	2	8.96
		0.7	0.67	1.57			
6	5.2	4.2	0.53	1.27	1.45	2.5	18.85
		1.0	0.69	1.62			
9	6.3	5.0	0.55	1.31	1.53	2.5	24.10
		1.3	0.75	1.75			
11	4.4	3.5	0.62	1.46	1.57	2	13.82
		0.9	0.72	1.68			
13	2.2	1.3	0.44	1.07	1.07	2	4.71
15	0.8	0.5	0.24	0.63	0.63	3	1.51
17	0						
					total	17	73.57

11

A、B 兩河川於 J 處匯合形成 C 河川，假定以螢光劑測定 C 河川之流
量，並以每小時 10 公升定量注入 A 、 B 兩河川之上游，設該螢光劑
之濃度為 0.03。同時，經適當均勻混合後，並於 A 、 B 兩河川之 J 處
上游取出水樣，分別測得其濃度為 4.0 *ppb* 及 7.0 *ppb*，試推求 C 河川
之流量。（89 水利技師）

解答

在河川流量為穩定的情況下，定量注入法之計算公式為

$$Q = \frac{\Delta Q(C_1 - C_2)}{C_2 - C_0}$$

式中 Q 為河川流量；ΔQ 為螢光劑注入量；C_1 與 C_2 則分別為注入
與採樣之濃度；C_0 為河川內之螢光劑濃度。由此可知 A、B 河川流
量為

$$Q_A = \frac{\frac{10 \times 10^{-3}}{3600} \times (0.03 - 4 \times 10^{-9})}{4 \times 10^{-9} - 0} = 20.8 \ m^3/s$$

$$Q_B = \frac{\frac{10 \times 10^{-3}}{3600} \times (0.03 - 7 \times 10^{-9})}{7 \times 10^{-9} - 0} = 11.9 \ m^3/s$$

故 C 河川之流量為

$$Q_C = 20.8 + 11.9 = 32.7 \ m^3/s \qquad \blacklozenge$$

12

以螢光劑全量注入法測定河川之流量。由某處上午 7 時注入色液
400 *kg* 後，每隔 1 小時分別在下游 14 及 25 *km* 處取水樣，經分析後
斷面平均濃度結果如下：

時間(*hr*)	0700	0800	0900	1000	1100	1200	1300	1400	1500	1600	1700	1800
14 *km* 濃度(*mg/l*)	0	0	3	10	20	15	10	6	2	0	0	0
25 *km* 濃度(*mg/l*)	0	0	0	0	2	8	18	15	9	8	3	0

㈠求 14 *km* 下游測站之流量，*cms*。

㈡求 25 *km* 下游測站之流量，*cms*。

㈢試問螢光劑之濃度與流量有何關係？（82 水利中央薦任升等考試）

解答

假設 C_0 為零，則全量注入法之計算公式為

$$Q = \frac{C \mathcal{V}}{\int [C_2(t) - C_0]dt} = \frac{\dfrac{M}{\rho_w}}{\Sigma C_2(t) \, \Delta t}$$

㈠下游 14 *km* 處之流量為

$$Q = \frac{\dfrac{400}{1000}}{(3+10+20+15+10+6+2) \times 10^{-6} \times 3600} = 1.684 \ m^3/s$$

㈡下游 25 *km* 處之流量為

$$Q = \frac{\dfrac{400}{1000}}{(2+8+18+15+9+8+3) \times 10^{-6} \times 3600} = 1.764 \ m^3/s$$

㈢流量愈大則螢光劑愈易被稀釋，因此採樣之濃度就愈低。　◆

13

試推導銳緣堰單位寬度之流量公式

$$q = \frac{2}{3} C \sqrt{2g} \left[\left(H + \frac{V_0^2}{2g} \right)^{3/2} - \left(\frac{V_0^2}{2g} \right)^{3/2} \right]$$

解答

假設水流為均勻流，忽略能量之次要損失，則銳緣堰上下游斷面處之比能相等，表示為

$$E_0 = E_1$$

$$H + \frac{V_0^2}{2g} = H - h + \frac{V_1^2}{2g}$$

式中 H 為堰頂上之水位；V_0 與 V_1 分別為上下游之流速；h 為水流離開堰後之下降距離。因此流速為

$$V_1 = \sqrt{2g\left(h + \frac{V_0^2}{2g}\right)}$$

某一流線之單位流量可表示為

$$dq = V_1 dh = \sqrt{2g\left(h + \frac{V_0^2}{2g}\right)} dh$$

單位寬度之流量則為

$$\int dq = \int_0^H \sqrt{2g\left(h + \frac{V_0^2}{2g}\right)} dh$$

$$q = \frac{2}{3}\sqrt{2g}\left[\left(H + \frac{V_0^2}{2g}\right)^{\frac{3}{2}} - \left(\frac{V_0^2}{2g}\right)^{\frac{3}{2}}\right]$$

在真實情況下，水流有束縮與彎曲等現象，因此須乘以收縮係數 C，故真實流量為

$$q = \frac{2}{3}C\sqrt{2g}\left[\left(H + \frac{V_0^2}{2g}\right)^{\frac{3}{2}} - \left(\frac{V_0^2}{2g}\right)^{\frac{3}{2}}\right] \qquad ◆$$

14

試推導下圖三角形堰之流量公式（須詳細證明）。（87 水利專技）

$$Q = \frac{8}{15}C\sqrt{2g}H^{5/2}\cdot\tan\left(\frac{\theta}{2}\right)$$

式中：H：水深　C：流量係數　θ：三角堰之角度　g：重力加速度

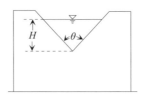

解答

假設三角形堰之上下游斷面比能相同，若忽略上游流速，則水流離開堰後，於水面下 h 處之流速為

$$V_1 = \sqrt{2gh}$$

當水位為 H 時，水面寬度為 T，而水面下 h 處之寬度為 x，則比例關係為

$$\frac{x}{T} = \frac{H-h}{H}$$
$$\frac{x}{2H\tan\left(\frac{\theta}{2}\right)} = \frac{H-h}{H}$$
$$x = 2(H-h)\tan\left(\frac{\theta}{2}\right)$$

水面下 h 處之單位流量為

$$dQ = VdA = \sqrt{2gh} \times (xdh) = \sqrt{2gh} \times 2(H-h)\tan\left(\frac{\theta}{2}\right)dh$$

故流量為

$$\int dQ = \int_0^H 2\sqrt{2gh}(H-h)\tan\left(\frac{\theta}{2}\right)dh$$
$$Q = \frac{8}{15}\sqrt{2g}H^{\frac{5}{2}}\tan\left(\frac{\theta}{2}\right)$$

乘上收縮係數後即為真實流量

$$Q = \frac{8}{15} C \sqrt{2g} \, H^{\frac{5}{2}} \tan\left(\frac{\theta}{2}\right)$$

◆

15#

已知某一水庫之囚砂效率（*trap efficiency*）E_T 可表示如：

$$E_T = \frac{\dfrac{S}{I}}{0.012 + 1.02\dfrac{S}{I}}$$

其中，S：水庫容積，以 m^3 表示；

I：水庫年入流量，以 m^3 表示。

假設水庫之年入流量為水庫設計容積之 20 倍，且泥沙進入量為水庫設計容積之 2%，求經過完工運轉多少年後該水庫容積為原來設計容積之一半？（84 水利專技）

解答

已知水庫年入流量為 $I = 20S$；泥砂進入量為 $V = 0.02S$。計算如下表所示，各欄位之分析步驟如下所述：

表 10.15

(1) S (m^3)	(2) S/I	(3) E_T (%)	(4) 年沉砂量 (m^3)	(5) 平均年沉砂量 (m^3)	(6) 所需時間 (yr)
S	0.050	79.37	$0.015874S$		
$0.9S$	0.045	77.72	$0.015544S$	$0.015709S$	6.4
$0.8S$	0.040	75.76	$0.015152S$	$0.015348S$	6.5
$0.7S$	0.035	73.38	$0.014676S$	$0.014914S$	6.7
$0.6S$	0.030	70.42	$0.014084S$	$0.014380S$	7.0
$0.5S$	0.025	66.67	$0.013334S$	$0.013709S$	7.3
				total	33.9 *yr*

1. 第(1)欄位為水庫容積。由起始時之 S 減少至 $0.5S$；

2. 第(2)欄位為 S/I 值。因為 $I = 20S$，所以

$$S/I = 第(1)欄位/20S；$$

3. 第(3)欄位為囚砂效率；

4. 第(4)欄位為年沉砂量。為囚砂效率乘上泥砂進入量而得；

5. 第(5)欄位為平均年沉砂量；

6. 第(6)欄位為每減少 $0.1S$ 水庫容積所需耗費之時間，即

$$T = 0.1S/第(5)欄位$$

因此，水庫容積減為一半所需時間約為 33.9 年。 ◆

16#

某一水庫容積為 $2.0 \times 10^7 m^3$，集水區面積為 $1,000\ km^2$，河溪平均年入流量為 $500\ mm$，進入水庫年泥沙量為 $320\ ton/km^2$，泥沙平均比重量為 $1,600\ kg/m^3$。另假設水庫囚砂效率為 y，水庫容量與年入流量之比為 x，且兩者之關係式為 $y = 1.0 + 0.1\ \ln x$，試推求該水庫容量減為原來一半之年數。（90 水利高考三級）

解答

水庫年入流量為

$$I = 500 \times 1000 \cdot \frac{10^6}{10^3} = 5 \times 10^8\ m^3$$

計算如下表所示，各欄位之分析步驟如下所述：

表 10.16

(1) S ($10^7 m^3$)	(2) x	(3) y	(4) 年沉砂量 (ton/km^2)	(5) 年沉砂量 (m^3)	(6) 平均年沉砂量 (m^3)	(7) 所需時間 (yr)
2.0	0.040	0.6781	217.0	135625		
1.8	0.036	0.6676	213.6	133500	134563	14.9
1.6	0.032	0.6558	209.9	131188	132344	15.1
1.4	0.028	0.6424	205.6	128500	129844	15.4
1.2	0.024	0.6270	200.6	125375	126938	15.8
1.0	0.020	0.6088	194.8	121750	123563	16.2
					total	77.4 *yr*

1. 第(1)欄位為水庫容積。由 $2.0 \times 10^7 m^3$ 減少至 $1.0 \times 10^7 m^3$；

2. 第(2)欄位為水庫容量與年入流量之比。計算式為

$$x = S/I = 第(1)欄位 \diagup 5 \times 10^8；$$

3. 第(3)欄位為囚砂效率；

4. 第(4)欄位為年沉砂量。等於進入水庫之年泥沙量乘以囚砂效率，
即

$$第(4)欄位 = 320 \times 第(3)欄位 \quad ton/km^2；$$

5. 第(5)欄位為轉換成體積單位之年沉砂量。計算方式為

$$第(5)欄位 = 年沉砂量 \times 集水區面積 \diagup 泥沙平均比重量$$
$$= 第(4)欄位 \times 1000/1600 \cdot 10^3 \ m^3；$$

6. 第(6)欄位為平均年沉砂量；

7. 第(7)欄位為每減少 $2 \times 10^6 \ m^3$ 水庫容積所需耗費之時間，即

$$T = 2 \times 10^6 \diagup 第(6)欄位$$

因此，水庫容量減為原來一半之年數約為 77.4 年。

附錄

常用公式

第一章　導　論

・水文方程式：$I - O = \dfrac{dS}{dt}$

I 為系統輸入量；O 為系統輸出量；dS/dt 為單位時間內系統之貯蓄改變量。

第二章　集水區地文與水文特性

・形狀因子：$R_f = \dfrac{W}{L} = \dfrac{A/L}{L} = \dfrac{A}{L^2}$

W 為集水區平均寬度；L 為集水區長度；A 為集水區面積。

・河川分岔比：$R_B = \dfrac{N_{i-1}}{N_i}$ ；$i = 2, 3, \cdots, \Omega$

N_i 為 i 級序之河川數目；Ω 為集水區級序。

・河川面積比：$R_A = \dfrac{\overline{A}_i}{\overline{A}_{i-1}}$ ；$i = 2, 3, \cdots, \Omega$

$\overline{A}_i$ 為 i 級序河川平均集水面積，此面積包含 i 級序河川之漫地流區域，以及所有流經 i 級序河川之上游漫地流區域。

・河川長度比：$R_L = \dfrac{\overline{L}_{c_i}}{\overline{L}_{c_{i-1}}}$ ；$i = 2, 3, \cdots, \Omega$

$\overline{L}_{c_i}$ 為 i 級序河川平均長度。

・河川坡度比：$R_S = \dfrac{\overline{S}_{c_i}}{\overline{S}_{c_{i-1}}}$ ；$i = 2, 3, \cdots, \Omega$

$\overline{S}_{c_i}$ 為 i 級序河川之平均坡度。

・排水密度：$D = \dfrac{\sum\limits_{i=1}^{\Omega}\sum\limits_{j=1}^{N_i}\left(L_{c_i}\right)_j}{A}$ ；$i = 2, 3, \cdots, \Omega$

單位為長度之倒數$[1/L]$。

・河川頻率：$F = \dfrac{\sum\limits_{i=1}^{\Omega} N_i}{A}$

單位為長度平方之倒數$[1/L^2]$。

- 圓比值：$M = \dfrac{\text{集水區面積}}{\text{與集水區周長相等之圓的面積}}$

$$M = \frac{A}{\pi r^2} = \frac{A}{\pi \left(\dfrac{P}{2\pi}\right)^2}$$

- 密集度：$C = \dfrac{\text{與集水區面積相等之圓的周長}}{\text{集水區周長}}$

$$C = \frac{2\pi r}{P} = \frac{2\pi \sqrt{\dfrac{A}{\pi}}}{P}$$

- 細長比：$E = \dfrac{\text{與集水區面積相等之圓的直徑}}{\text{集水區最大長度}}$

$$E = \frac{2r}{L_0} = \frac{2\sqrt{\dfrac{A}{\pi}}}{L_0}$$

第三章 降 雨

- 絕對濕度：$H_a = \rho_v = 0.622 \dfrac{e}{R_d T}$

 ρ_v 為大氣之水汽密度；e 為水汽壓力 (mb)；T 為絕對溫度 (K)；R_d 為乾空氣之氣體常數。

- 相對濕度：$H_r (\%) = 100 \dfrac{m_v}{m_s} = 100 \dfrac{e}{e_s}$

 m_v 為空氣中水汽量；m_s 為同溫度空氣飽和時之水汽量；e_s 為飽和水汽壓力。

- 比濕度：$H_s = \dfrac{\rho_v}{\rho_a} \approx 0.622 \dfrac{e}{P_a}$

 ρ_a 為濕空氣密度；P_a 為濕空氣壓力。

- 混合比：$W_r = \dfrac{m_v}{m_d} = \dfrac{\rho_v}{\rho_d} = \dfrac{0.622e}{P_a - e}$

 m_d 為乾空氣質量；ρ_d 為乾空氣密度。

- 可降水量：$W_p = \dfrac{1}{g} \displaystyle\int_P^{P_0} H_s \, dP_a$

$$W_p(mm) = 0.01 \Sigma \overline{H}_s \Delta P_a$$

$$W_p(inch) = 0.0004 \Sigma \overline{H}_s \Delta P_a$$

H_s 為比濕度；P_0 為地表面大氣壓力；$\overline{H}_s$ 為平均比溼度（g/kg）；ΔP_a 為大氣壓力差 (mb)。

・內插法：$P_A = \dfrac{1}{5}(P_B + P_C + P_D + P_E + P_F)$

僅可用於各雨量站與 A 站之年雨量差值小於 A 站年雨量之 10%。

・正比法：$P_A = \dfrac{1}{5}\left(\dfrac{N_A}{N_B}P_B + \dfrac{N_A}{N_C}P_C + \dfrac{N_A}{N_D}P_D + \dfrac{N_A}{N_E}P_E + \dfrac{N_A}{N_F}P_F\right)$

N_A、N_B、N_C、N_D、N_E 與 N_F 分別表示 A、B、C、D、E 與 F 雨量站之年雨量值。

・四象限法：$P_A = \sum\limits_{i=1}^{N}\left(\dfrac{P_i}{\Delta X_i^2 + \Delta Y_i^2}\right)\Bigg/ \sum\limits_{i=1}^{N}\dfrac{1}{\Delta X_i^2 + \Delta Y_i^2}$

N 為已知紀錄之測站總數；ΔX_i 與 ΔY_i 分別為已知紀錄測站與未知紀錄測站距離之 x 軸與 y 軸分量。

・雙累積曲線分析：$P_{adj} = P_{obs} \cdot \left(\dfrac{B}{A}\right)$

P_{adj} 為校正之累積雨量；P_{obs} 為觀測之累積雨量；B/A 為校正率。

・算術平均法：$\overline{P} = \dfrac{1}{N}\sum\limits_{i=1}^{N} P_i$

・徐昇多邊形法以及等雨量線法：$\overline{P} = \dfrac{\sum\limits_{i=1}^{N} P_i A_i}{\sum\limits_{i=1}^{N} A_i}$

・降雨強度公式：$i = \dfrac{a}{(T_d + b)^c}$

$$i = \dfrac{aT^d}{(T_d + b)^c}$$

$$i = \dfrac{aT^d}{(T_d)^c}$$

T_d 為降雨延時；T 為重現期；a、b、c 與 d 均為係數。

第四章　蒸發與蒸散

- 質量傳遞法：$E = f(V_a)(e_s - e)$

  $f(V_a)$ 為水平風速函數。

- 能量平衡法：$E = \dfrac{Q_s(1 - a) + Q_a - Q_b - Q_t}{\rho_w L_e(1 + B)}$

  Q_s 為太陽的整體輻射量；a 為水體表面之反照率；Q_a 為河川入流或降雨以對流方式進入水體之淨能量；Q_b 為水體以長波輻射方式所散失之能量；Q_t 為水體在單位時間內貯存能量之增值；ρ_w 為水的密度；L_e 為蒸發潛熱；B 為包文比。

- 包文比：$B = \dfrac{Q_h}{Q_e} = \gamma_P \dfrac{P_a}{1000} \dfrac{T_s - T}{e_s - e}$

  Q_h 為水體以對流或傳導方式散失至大氣之可感熱傳遞；Q_e 為蒸發過程所需之能量；γ_P 為乾濕常數（$mb/°C$）；T_s 為水面溫度（$°C$）；T 為空氣溫度（$°C$）；e_s 為飽和水汽壓力（mb）；e 為空氣中之水汽壓力（mb）；以及 P_a 為大氣壓力（mb）。

- 水平衡法：$E = P + I - O + R_g - R_f - \Delta S$

  P 為降水量；I 為（水庫上游）入流量；O 為（水庫下游）出流量；R_g 為（由水庫底部的）地下水入流量；R_f 為（水庫底部的）下滲水量；ΔS 為單位時間內蓄水改變量。

- 彭門法：$E = \dfrac{\Delta E_n + \gamma_P E_a}{\Delta + \gamma_P}$

  E_n 為應用淨輻射量計算所得之蒸發率；E_a 為應用質量傳遞法計算所得之蒸發率；Δ 與 γ_P 為權重因子，其中 γ_P 等於 $0.66\ mb/°C$，Δ 為溫度與飽和水汽壓力之函數 $\Delta = \dfrac{e_s - e_{as}}{T_s - T}(mb/°C)$，$e_{as}$ 為相對於空氣溫度 T 之飽和水汽壓力，e_s 為相對於水面溫度 T_s 之飽和水汽壓力。

- 蒸發皿：$E = C_p E_p$

  C_p 為蒸發皿係數，美國之年平均 C_p 值約為 0.7；E_p 為蒸發皿實際量測量。

- *Blaney-Criddle* 法：$C_u = k_s T_m \dfrac{D_t}{100}$

  C_u 為特定月份之作物需水量（ *in/month* ）；k_s 為適用於特定作物的需水係數；T_m 為月平均溫度(*°F*)；D_t 為每月之日照時數百分率。

第五章　入　滲

- 土壤中水份移動之連續方程式：$\dfrac{\partial \theta}{\partial t} + \dfrac{\partial V}{\partial l} = 0$

  θ 為土壤含水量；V 為土壤水份在 l 方向的移動速率[L/T]。

- 達西定律：$V = -K\dfrac{dh}{dl} = -K\dfrac{d}{dl}\left(z + \dfrac{p}{\gamma_w}\right)$

  V 為 l 方向上通過單位橫斷面土壤之體積流率[L/T]；z 為任意已知高程；p 為土壤水份壓力；γ_w 為水的比重；以及 K 為土壤之水力傳導度；dz/dl 表示每單位水體所受之重力梯度；$d(p/\gamma_w)/dl$ 表示每單位水體所受之壓力梯度。

- 荷頓入滲公式：$f(t) = f_c + (f_0 - f_c)e^{-kt}$

  $$F(t) = f_c t + \frac{(f_0 - f_c)}{k}(1 - e^{-kt})$$

  f_c 為平衡入滲率；f_0 為起始入滲率；k 是入滲常數，因次為[$1/T$]。

- 菲利普入滲公式：$f(t) = \dfrac{1}{2}st^{-1/2} + K$

  $$F(t) = st^{1/2} + Kt$$

  s 為土壤水份吸收度；K 為水力傳導度。

- 格林-安普入滲公式：$f(t) = K\left(\dfrac{\psi\Delta\theta}{F(t)} + 1\right)$

  $$F(t) = Kt + \psi\Delta\theta\ln\left(1 + \frac{F(t)}{\psi\Delta\theta}\right)$$

  $\Delta\theta = \eta - \theta_i$；$\eta$ 為土壤孔隙率；θ_i 為起始含水量；ψ 為濕鋒下方乾燥土壤的吸力水頭。

- 美國水土保持局入滲公式：$P_e = \dfrac{(P - I_a)^2}{P - I_a + S} = \dfrac{(P - 0.2S)^2}{P + 0.8S}$

  P_e 為有效降雨總量；I_a 為初期降雨損失量；S 為集水區最大蓄水量
  $S_{(inch)} = \dfrac{1000}{CN} - 10$，式中 CN 為曲線值。

第六章　地下水與水井力學

- 達西定律：$V = \dfrac{Q}{A} = -K\dfrac{\Delta h}{L}$

  Q 為通過砂柱之流量；A 為砂柱之截面積；K 為水力傳導度；Δh 為兩
  點間之水頭差；L 為兩點間之流徑長度。

- 滲流速度：$V_s = \dfrac{V}{\eta} = \dfrac{Q}{\eta A}$

  η 為孔隙率；V 為平均速度。

- *Dupuit* 拋物線方程式：$h^2 = h_0^2 + \dfrac{(h_L^2 - h_0^2)}{L}x + \dfrac{Rx}{K}(L - x)$

  h 為 x 位置之自由水位；h_0 與 h_L 則分別為 $x = 0$ 與 $x = L$ 位置之自由水
  位；K 為水力傳導度；R 為均勻補注量。

- *Dupuit* 方程式：$q = \dfrac{K}{2L}(h_0^2 - h_L^2) + R\left(x - \dfrac{L}{2}\right)$

- 限制含水層定常性之抽水量：$Q = 2\pi Kb\dfrac{h_2 - h_1}{\ln(r_2 / r_1)}$

  b 為限制水層厚度；位於 r_1 與 r_2 兩觀測井之水位為 h_1 與 h_2。

- 非限制含水層定常性之抽水量：$Q = \pi K\dfrac{h_2^2 - h_1^2}{\ln(r_2 / r_1)}$

- 西斯公式：$s = \dfrac{Q}{4\pi T}\displaystyle\int_u^\infty \dfrac{e^{-u}}{u}du = \dfrac{Q}{4\pi T}W(u)$

  s 為洩降 $(= H - h)$；Q 為抽水量；$u = \dfrac{r^2 S}{4Tt}$，其中 S 為蓄水係數及 T 為流
  通度；井函數 $W(u) = \displaystyle\int_u^\infty \dfrac{e^{-u}}{u}du = -0.5772 - \ln u + u - \dfrac{u^2}{2 \cdot 2!} + \dfrac{u^3}{3 \cdot 3!} - \dfrac{u^4}{4 \cdot 4!} + \cdots$。

- 可柏-賈可柏公式：$s = \dfrac{Q}{4\pi T}\left[-0.5772 - \ln\left(\dfrac{r^2 S}{4Tt}\right)\right]$

第七章　集水區降雨逕流演算

- 集流時間：$t_c = \dfrac{L}{V}$

  L 為長度；V 為逕流速度。

- *Kirpich* 公式：$t_c = 0.02\dfrac{L^{0.77}}{S^{0.385}}$

  t_c 為集流時間 (*min*)；L 為逕流長度 (*m*)；S 為集水區平均坡度 (*m/m*)。

- *Rziha* 公式：$t_c = 0.00083\dfrac{L}{S^{0.6}}$

  t_c 為集流時間 (*min*)；L 為集水區長度 (*m*)；S 為集水區平均坡度 (*m/m*)。

- 運動波漫地流集流時間公式：$t_{oc} = \left(\dfrac{n_o L_o}{\sqrt{S_o}\, i_e^{2/3}}\right)^{\frac{3}{5}}$

  t_{oc} 為漫地流集流時間 (*sec*)；n_o 為漫地流糙度；L_o 為漫地流長度 (*m*)；S_o 為漫地流坡度；i_e 為超量降雨強度 (*m/s*)。

- 運動波渠流集流時間公式：$t_{cc} = \dfrac{B}{2i_e L_o}\left(\dfrac{2i_e n_c L_o L_c}{\sqrt{S_c}\, B}\right)^{\frac{3}{5}}$

  t_{cc} 為渠流集流時間 (*sec*)；n_c 為渠流糙度；L_c 為渠流長度 (*m*)；S_c 為渠流坡度；B 為渠寬 (*m*)。

- 合理化公式：$Q_P = C\bar{i}A$

  Q_P 為尖峰流量；C 為逕流係數，該係數是反應集水區降雨損失之無因次係數；$\bar{i}$ 為降雨延時等於集流時間之平均降雨強度；A 為集水區面積。

- s 歷線法：$u_T(t) = \dfrac{T}{T'}[s(t) - s(t - T')]$

  T 為原單位歷線之降雨延時；T' 為擬轉換之降雨延時；$s(t)$ 為利用原單位歷線所得之 s 歷線；$s(t - T')$ 為將原 s 歷線時間軸挪後 T' 時距；$u_T(t)$ 為轉換後延時為 T' 之單位歷線。

- 線性水庫：$Q_n(t) = \dfrac{t^{n-1}}{K^n\Gamma(n)}e^{-\frac{t}{K}}$

  n 為水庫個數；K 為蓄水係數[T]。

・時間-面積法：$Q_2 = C_0 I_2 + C_1 I_1 + C_2 Q_1$

$$C_0 = C_1 = \frac{\Delta t}{2K + \Delta t} \; ; \; C_2 = \frac{2K - \Delta t}{2K + \Delta t} \, 。$$

第八章　水庫演算與河道演算

・包爾斯水庫演算法：$(I_1 + I_2) + \left(\dfrac{2S_1}{\Delta t} - Q_1\right) = \left(\dfrac{2S_2}{\Delta t} + Q_2\right)$

須配合 $Q \sim (2S/\Delta t + Q)$ 曲線以解得 S_2 與 Q_2。

・馬斯金更法：$Q_2 = C_0 I_2 + C_1 I_1 + C_2 Q_1$

$$C_0 = \frac{-KX + 0.5\Delta t}{K(1-X) + 0.5\Delta t} \; ; \; C_1 = \frac{KX + 0.5\Delta t}{K(1-X) + 0.5\Delta t} \; ; \; C_2 = \frac{K(1-X) - 0.5\Delta t}{K(1-X) + 0.5\Delta t} \, 。$$

其值之和為 1.0。

第九章　水文統計與頻率分析

・風險度：$p = P(X \geq x_T) = \dfrac{1}{T}$

T 為重現期。

・可靠度：$p' = 1 - p = P(X < x_T) = 1 - \dfrac{1}{T}$

・平均值：$E(X) = \mu = \displaystyle\int_{-\infty}^{\infty} x f(x) dx$

$$\bar{x} = \frac{1}{n} \sum_{i=1}^{n} x_i$$

・變異數：$E\left[(x - \mu)^2\right] = \sigma^2 = \displaystyle\int_{-\infty}^{\infty} (x - \mu)^2 f(x) dx$

$$s^2 = \frac{1}{n-1} \sum_{i=1}^{n} (x_i - \bar{x})^2$$

・變異係數：$C_v = \dfrac{\sigma}{\mu}$

$$\hat{C}_v = \frac{s}{\bar{x}}$$

・偏度係數：$\gamma = \dfrac{1}{\sigma^3} E\left[(x - \mu)^3\right]$

$$C_s = \frac{n}{(n-1)(n-2)s^3} \sum_{i=1}^{n} (x_i - \bar{x})^3$$

- 頻率分析通式：$x_T = \mu + \sigma K_T$

  x_T 為重現期為 T 之水文量大小；μ 為水文資料之平均值；σ 為水文資料之標準偏差；K_T 稱為頻率因子。

- 常態分佈：$f(x) = \dfrac{1}{\sigma\sqrt{2\pi}}\exp\left[-\dfrac{1}{2}(\dfrac{x-\mu}{\sigma})^2\right]$，$-\infty \leq x \leq \infty$

  μ 為水文資料之平均值；σ 為水文資料之標準偏差。

- 標準常態變數：$z = \dfrac{x-\mu}{\sigma}$

- 常態機率分佈之頻率因子：$K_T = \dfrac{x-\mu}{\sigma}$

- 極端值 I 型分佈：$F(x) = P(X \leq x) = e^{-e^{-y}}$，$\quad -\infty < x < \infty$

  $y = \alpha(x-\beta)$；$\alpha = \dfrac{\pi}{\sqrt{6}\sigma}$；$\beta = \mu - \dfrac{0.5772}{\alpha}$。式中 μ 為水文資料之平均值；σ 為水文紀錄之標準偏差。

- 極端值 I 型分佈之頻率因子：$K_T = \dfrac{\sqrt{6}}{\pi}\left\{-0.5772 - \ln\left[-\ln\left(1-\dfrac{1}{T}\right)\right]\right\}$

- 皮爾遜 III 型分佈：$f(x) = \dfrac{\lambda^\beta (x-\varepsilon)^{\beta-1} e^{-\lambda(x-\varepsilon)}}{\Gamma(\beta)}$，$\quad x \geq \varepsilon$

  $$\lambda = \frac{\sigma}{\sqrt{\beta}}；\beta = \left(\frac{2}{C_s}\right)^2 \text{以及} \varepsilon = \mu - \sigma\sqrt{\beta}。$$

- *Weibull* 公式：$T = \dfrac{n+1}{m}$

  n 為紀錄之年數；m 為資料排序大小。

第十章　水文量測

- 單點觀測法：$\bar{V} = V_{0.6}$
- 兩點觀測法：$\bar{V} = \dfrac{1}{2}(V_{0.2} + V_{0.8})$
- 三點觀測法：$\bar{V} = \dfrac{1}{4}(V_{0.2} + 2V_{0.6} + V_{0.8})$

- 流速-面積法：$Q = \sum_{i=1}^{N} Q_i = \sum_{i=1}^{N} A_i \overline{V_i} = \sum_{i=1}^{N} \frac{1}{2}(B_i + B_{i+1})y_i \overline{V_i}$

  Q_i 為第 i 個次斷面的流量；y_i、B_i 與 $\overline{V_i}$ 分別為第 i 個次斷面之水深、寬度以及平均流速。

- 瞬間注入法：$Q = \dfrac{\forall C_1}{\int_0^{t'} [C_2(t) - C_0]dt}$

  C_0 為起始時刻河川內之追蹤劑含量濃度；$\forall$ 為上游斷面注入體積；C_1 為追蹤劑濃度；$C_2(t)$ 為下游斷面的追蹤劑濃度。

- 定量注入法：$Q = \dfrac{\Delta Q(C_1 - C_2)}{C_2 - C_0}$

國家圖書館出版品預行編目資料

水文學精選 200 題／楊其錚,李光敦 著.-二版.-臺
北市：五南圖書出版股份有限公司， 2008.12
面； 公分
S B N: 978-957-11-5416-9（平裝）

1.水文學 2.問題集

351.7022 97019376

5G15

水文學精選200題

作 者 —	楊其錚(315.8) 李光敦 (93.2)
發 行 人 —	楊榮川
總 經 理 —	楊士清
總 編 輯 —	楊秀麗
副總編輯 —	王正華
責任編輯 —	蔡曉雯、張維文
封面設計 —	莫美龍、姚孝慈
發 行 者 —	五南圖書出版股份有限公司

地 址：106 台北市大安區和平東路二段 339 號 4 樓

電 話：(02)2705-5066 傳 真：(02)2706-6100

網 址：https://www.wunan.com.tw

電子郵件：wunan@wunan.com.tw

劃撥帳號：01068953

戶 名：五南圖書出版股份有限公司

法律顧問 林勝安律師

出版日期 2002 年 2 月初版一刷
2008 年 12 月二版一刷
2024 年 4 月二版十刷

定 價 新臺幣 350 元

經典永恆・名著常在

五十週年的獻禮 —— 經典名著文庫

五南，五十年了，半個世紀，人生旅程的一大半，走過來了。

思索著，邁向百年的未來歷程，能為知識界、文化學術界作些什麼？

在速食文化的生態下，有什麼值得讓人雋永品味的？

歷代經典・當今名著，經過時間的洗禮，千錘百鍊，流傳至今，光芒耀人；

不僅使我們能領悟前人的智慧，同時也增深加廣我們思考的深度與視野。

我們決心投入巨資，有計畫的系統梳選，成立「經典名著文庫」，

希望收入古今中外思想性的、充滿睿智與獨見的經典、名著。

這是一項理想性的、永續性的巨大出版工程。

不在意讀者的眾寡，只考慮它的學術價值，力求完整展現先哲思想的軌跡；

為知識界開啟一片智慧之窗，營造一座百花綻放的世界文明公園，

任君遨遊、取菁吸蜜、嘉惠學子！